全国技工院校公共课教材配套用书

专业数学（电工电子类）（第3版）
教学参考书

主编／薛　枫　徐娟珍

参编／王振宁　韩　壮　朱文佳　陶彩栋

U0209049

中国劳动社会保障出版社

简介

本书是全国技工院校公共课教材《专业数学（电工电子类）》（第3版）的配套用书，供教师教学参考。全书内容按教材顺序编写。每章均包括"概述""内容分析与教学建议""课后习题参考答案""复习与小结""习题册习题参考答案"等部分。其中，"概述"介绍全章的教学要求、主要内容和课时分配，"内容分析与教学建议"分节编写，主要分析教学重点和难点，"复习与小结"是对全章知识的系统总结。

本书由薛枫、徐娟珍主编，王振宁、韩壮、朱文佳、陶彩栋参与编写。

图书在版编目（CIP）数据

专业数学（电工电子类）（第3版）教学参考书/薛枫，徐娟珍主编. -- 北京：中国劳动社会保障出版社，2023

全国技工院校公共课教材配套用书

ISBN 978-7-5167-5680-5

Ⅰ.①专… Ⅱ.①薛…②徐… Ⅲ.①工程数学-技工学校-教学参考资料 Ⅳ.①TB11

中国国家版本馆 CIP 数据核字（2023）第 011610 号

中国劳动社会保障出版社出版发行

（北京市惠新东街1号　邮政编码：100029）

*

北京市科星印刷有限责任公司印刷装订　　新华书店经销

787毫米×1092毫米　16开本　7.75印张　182千字
2023年2月第1版　　2023年2月第1次印刷

定价：22.00元

营销中心电话：400-606-6496

出版社网址：http://www.class.com.cn

http://jg.class.com.cn

目 录

第一章

代数运算的应用

I 概 述

一、教学要求

	知识点	教学要求		
		了解	理解	掌握
§1-1 方程组的应用	二元（或三元）方程组及其解法			√
	方程组的应用			√
§1-2 流程图的应用	流程图的有关概念	√		
	顺序结构		√	
	选择结构		√	
	循环结构		√	
§1-3 计算器的应用	指数及对数的计算			√
	三角函数的计算			√
§1-4 正弦量的复数表示	复数的表示方法			√
	复数的运算			√
	相量			√
	用复数计算阻抗、电流与电压			√

二、教材分析与说明

技工院校的数学课（专业类）应体现技能型人才教育的特色，把握"够用、实用、适用"的原则，切忌盲目增加教学内容的深度和难度．因此，教材本着"以学生为中心，以能力为本位"的理念，通过引用专业生产、生活中的实例，采用图文并茂的表现形式，使抽象的数学知识具体化、形象化．

本章的主要任务是满足专业课和专业基础课的需要，帮助学生提高计算及应用能力．根据专业课和专业技术课的要求，教师可结合习题册对习题做一定的取舍或增加．

本章分为四节：

§1-1方程组的应用．主要回顾初等数学中学过的二元（或三元）方程组的解法，通过分析一个三元一次方程组的求解过程，归纳出解题的一般方法，继而通过实例介绍方程组在专业课中的应用.

§1-2 流程图的应用. 通过分析日常生活中的一些实例，引入流程图的有关概念，并对顺序结构、选择结构和循环结构做进一步的介绍. 由于课时所限，本章仅对流程图做一般的介绍，教师可根据专业需求从生产实践中选取实例进行教学.

§1-3 计算器的应用. 教材仅以卡西欧 fx-95MS 型计算器的操作为例，介绍了指数、对数及三角函数的常用计算方法.

§1-4 正弦量的复数表示. 首先通过对复数的四种表示方法及运算的回顾，介绍了有关的公式，由例题归纳出解题的一般方法，并介绍了复数的表示及运算在专业课中的应用. 其次介绍用相量研究正弦量的方法，运用复数的代数运算代替相量的几何关系，以及在复杂的交流电路中运用复数计算的方法. 本节通过例题归纳出解题的基本步骤，从而介绍运用复数计算阻抗、电流与电压的方法.

本章重点：

1. 运用方程组的解法解决专业课中的实际问题.
2. 使用计算器解决三角函数的有关计算.
3. 运用相量的复数表示解决实际问题.

本章难点：

1. 结合问题实际画出流程图.
2. 运用相量的复数表示解决实际问题.

三、课时分配建议

章节内容	教学时数	
	基本课时	拓展课时
§1-1　方程组的应用	2	
§1-2　流程图的应用	2	
§1-3　计算器的应用	2	
§1-4　正弦量的复数表示	4	
复习与小结	2	
合计	12	

Ⅱ　内容分析与教学建议

§1-1　方程组的应用

本节包括两部分内容：二元（或三元）方程组及其解法、方程组的应用. 在本节中，教师可通过对例题方程组的求解，从而归纳出一般的解题方法与思路.

本节重点：三元一次方程组求解的一般方法.

本节难点：解决专业课中的实际应用问题.

1. 本节内容在初等数学中已经学过，教材对解方程组的一般方法进行了列表归纳，通过例1和例2对三元一次方程组和二元二次方程组的解法做了进一步的回顾，并用提示的方式帮助学生掌握相关方法.

2. 二元二次方程组求解的主要思路就是消元降次，由于电类专业很少涉及二元二次方程组的求解，可仅选一例介绍，仅让学生做一般了解. 教学时，教师可通过二元一次方程组及一元二次方程的求解实例，帮助学生回顾与掌握方程组求解的知识.

3. 方程组的应用主要涉及电路中有关电流的计算问题. 教师应引导学生回顾基尔霍夫第一定律（通过节点电流的代数和为零）与基尔霍夫第二定律（任一回路电压降的代数和为零），列出相应的方程组. 但由于选择的回路不同，得到的方程也会不一样，如在例5中选择 $DFHC$ 回路可以得到方程 $I_1R_1 - I_2R_2 + E_2 - E_1 = 0$，即 $4I_1 - I_2 - 10 = 0$. 选择回路时，应尽可能选择未知量较少的回路，以方便对方程组进行求解. 而多余的方程可以用来检验计算的结果，如例5中的计算结果可代入方程 $4I_1 - I_2 - 10 = 0$ 中进行检验，以保证结论的正确性.

这里还应提醒学生注意：电流的方向与回路的方向都是任意设定的（题中给定除外），因此，若计算结果中出现电流为负的情况（如例4），说明电流的实际方向与设定的方向相反. 在回路电压方程中，电势值沿回路方向降为正，沿回路方向升为负.

§1-2　流程图的应用

本节包括两部分内容：流程图的有关概念及三种基本的算法结构（顺序结构、选择结构、循环结构）. 教材通过两个实例介绍了流程图的概念，重点研究了在解决问题的过程中如何设计算法，如何根据算法画出流程图.

本节重点：三种基本的算法结构（顺序结构、选择结构、循环结构）以及一些与此有关问题的求解.

本节难点：结合实际问题画出流程图或说明流程图所描述的过程.

1. 算法内容将数学中的算法与计算机技术建立联系，从而形式化地表示算法. 为了有条理、清晰地表达算法，往往需要将解决问题的过程整理成流程图. 流程图是一种传统的算法表示法，它利用不同形状的框来代表各种不同性质的操作，用流程线来指示算法的执行方向. 由于它简单、直观的特点，所以应用广泛.

2. 顺序结构是由若干个依次执行的处理步骤组成的，这是任何一个算法都离不开的基本主体结构. 顺序结构的特点：按书写的先后次序，自上而下逐条顺序执行程序语句，计算过程的中间没有选择或重复执行的过程.

3. 选择结构是以条件的判断为起始点，根据条件决定执行哪一个处理步骤. 选择结构的特点：在程序执行过程中出现了分支，要根据不同情况选择其中一个分支执行.

4. 循环结构是根据指定条件决定是否重复执行一条或多条指令的控制结构. 教师可以和学生一起共同完成引例的框图表示，并由此引出循环结构的概念. 这样讲解既突出了重点，又突破了难点，同时，使学生体会了问题的抽象过程和算法的构建过程，并体现了研究问题常用的"由特殊到一般"的思维方式.

通过对实例框图的反复改造，逐步帮助学生深入理解循环结构，体会用循环结构表达算法关键要做好以下三点：(1) 确定循环变量和初始值，(2) 确定循环体，(3) 确定循环终止条件. 由于本节内容在专业基础课中会进一步深入学习，加上课时问题，所以不必对本节内容加深与拓展.

§1-3 计算器的应用

本节包括两部分内容：指数及对数的计算、三角函数的计算.

本节重点：计算器的应用.

本节难点：三角函数的有关计算.

1. 由于各种计算器的功能不一样，具体操作应参考其说明书，教学时教师可根据学生所使用的计算器有针对性地进行介绍.

2. 教学时，为了使学生熟练地掌握计算器的使用方法，可适当补充一些相关的例题.

补充例题：使用计算器完成下表空格的计算.

α	$46°06'48''$	$35°54'07''$	$31°23'41''$	$2°51'45''$
$\sin \alpha$	0.720 7	0.586 4	0.520 9	0.049 9
$\cos \alpha$	0.693 2	0.810 0	0.853 6	0.998 8
$\tan \alpha$	1.039 6	0.723 9	0.610 3	0.050 0
$\cot \alpha$	0.961 9	1.381 3	1.638 6	19.999 3

§1-4 正弦量的复数表示

本节包括三部分内容：复数的表示方法、复数的运算、相量与复数计算的应用. 复数的表示方法及复数的运算是复数的基础，内容比较多，教师可以讲解复数四种表示形式之间的转化方法和复数的四则运算，使学生熟练掌握复数的运算方法与技巧，从而归纳出一般的解题思路，服务于专业基础课. 相量内容在中级阶段《数学》(第七版　下册)(电工电子类)教材中学习过，学生应已经初步了解了用相量来研究正弦量的方法. 由于复数在电工学中的应用相当广泛，因此，本阶段的学习要求学生熟练掌握这部分内容.

本节重点：理解相量的概念，从而学习用相量法及相量图来解决电工学中的一些简单问题.

本节难点：正弦量相量的概念、实质，在电工学中运用相量的复数表示解决实际问题.

1. 复数的表示方法及四则运算在中级阶段已经学过，教材对复数的四种表示方法及四则运算的公式进行了列表归纳，通过例1复习了复数四种形式的表示及转化，其中复数的模和辐角起着决定作用. 学生应多做些复数各形式之间互化的题目，从而熟练掌握好这部分内容.

2. 教师可以与学生一起完成复数的运算例题，以便于学生对相关知识进行回顾与复习，帮助学生掌握相关内容. 上课时可根据学生的掌握情况适当补充题目进行练习.

3. 在解决实际应用问题时，当电阻、电容、电感串联、并联接入交流电路中，教师应引导学生复习相应的电工学知识，小结归纳相应 RLC 电路复阻抗的复数表示. 例如，常见的 RLC 串联电路中总复阻抗 $Z=R+\mathrm{j}\left(\omega L-\dfrac{1}{\omega C}\right)$，常见的 RLC 并联电路中总复阻抗 $\dfrac{1}{Z}=\dfrac{1}{R}+$

$\dfrac{1}{\omega L}j-\dfrac{1}{\dfrac{1}{\omega C}}j$，再根据具体情况解决相应的问题.

4. 在进行有关复数的三角形式教学时，还应注意同一个复数中辐角的单位应统一，应遵循"正角相同，前余后正弦"的原则，不要出现类似 $z=2\left(\cos 30°+j\sin\dfrac{\pi}{6}\right)$ 的表达式.

5. 在电工学中，正弦型函数 $y=A\sin(\omega x+\varphi)$ 的 A 称为正弦量的最大值，$T=\dfrac{2\pi}{\omega}$ 称为正弦量的周期，$f=\dfrac{1}{T}$ 称为正弦量的频率，$\omega x+\varphi$ 称为相位，ω 称为角频率，φ 称为初相位. 其中，频率（或周期）、最大值（幅值）和初相位称为正弦量的三要素.

6. 理解相量的概念是学习正弦量的复数表示的关键. 相量本身是一种人为构建的表示方法，而用复数表示相量，就可以用复数的运算代替相量的几何关系，从而简化正弦量的运算. 因此，结合中级班学过的正弦波可知，一个正弦量有多种表示方法.

表示法	说　明
三角函数表示	$u=U_m\sin(\omega t+\varphi)$ 或 $u=U_m\cos(\omega t+\theta)$，其中 $\varphi+\theta=90°$
正弦波形图示	
相量表示	当多个正弦量运算时，采用三角函数形式或正弦波形计算比较复杂，而将正弦量用其相量形式表示则可极大地简化计算

7. 关于相量法的进一步说明：

（1）相量法是用复数进行正弦交流电路的分析和计算，将正弦量的运算转化为复数运算. 引入相量法的目的是简化正弦稳态电路的分析和计算.

（2）将正弦量用相量表示实质上是一种数学变换，切记正弦量本身不是相量，它们只有对应关系，两者并不等同. 不可出现类似 $\dot{I}_m=I_m\sin(\omega t+\varphi_i)$ 的等式.

（3）相量是用来表示正弦量的有效值（或最大值）及初相位的复数，因此分为有效值相量和最大值相量两种. 有效值相量表示为 $\dot{U}$ 和 $\dot{I}$，最大值相量表示为 $\dot{U}_m$ 和 $\dot{I}_m$. 如不特别说明，相量常指有效值相量.

8. 在用复数计算阻抗、电流与电压时，可以看到正弦稳态电路中电阻、电感、电容元件的电压、电流之间关系的相量形式完全与电阻的欧姆定律相似. 因此，称它们为相量形式的欧姆定律.

9. 对教材中有关电工学中的应用例题，教师可根据具体情况采用提示的方法帮助学生掌握. 课后习题及习题册习题是与例题相对应的，教师可根据实际情况选取.

Ⅲ 课后习题参考答案

§1-1 方程组的应用

1. (1) $\begin{cases} x=-5, \\ y=0, \\ z=4.5; \end{cases}$ (2) $\begin{cases} x=3, \\ y=1, \\ z=-2; \end{cases}$

(3) $\begin{cases} x=8, \\ y=2, \\ z=2; \end{cases}$ (4) $\begin{cases} x_1=3, \\ y_1=4, \end{cases}$ $\begin{cases} x_2=4, \\ y_2=3, \end{cases}$ $\begin{cases} x_3=-4, \\ y_4=-3, \end{cases}$ $\begin{cases} x_4=-3, \\ y_4=-4 \end{cases}$

2. $D=-6$，$E=4$，$F=-12$

3. 6 cm

4. 由基尔霍夫第一定律（节点电流定律）得
$$I_1+I_2+I_3=0.$$
由回路 $E_1-E_3-R_3-R_1-E_1$ 得
$$E_1-E_3=I_1R_1-I_3R_3,$$
由回路 $E_3-R_2-E_2-R_3-E_3$ 得
$$E_3-E_2=I_3R_3-I_2R_2,$$
代入数据，解得
$$I_1=-\frac{3}{7}\ \text{A},\ I_2=\frac{4}{7}\ \text{A},\ I_3=-\frac{1}{7}\ \text{A}.$$

5. -4 V，3 V

6. 由基尔霍夫第一定律（节点电流定律）得
$$I_3=I_1+I_2.$$
由回路 $E_1-R_1-R_3-E_1$ 得
$$E_1=I_1R_1+I_3R_3,$$
由回路 $E_2-R_3-R_2-E_2$ 得
$$E_2=I_3R_3+I_2R_2,$$
代入数据，解得
$$I_1=\frac{5}{3}\ \text{A},\ I_2=\frac{2}{3}\ \text{A},\ I_3=\frac{7}{3}\ \text{A}.$$

7. 由基尔霍夫第一定律（节点电流定律），回路绕行方向（按顺时针）列方程组
$$\begin{cases} I_3=I_1+I_2, \\ E_1-E_2=I_1r_1-I_2r_2, \\ E_2=I_3r_3+I_2r_2, \end{cases}$$
代入数据，解得
$$I_1=3\ \text{A},\ I_2=-1\ \text{A},\ I_3=2\ \text{A}.$$

负载的端电压

$$U_3 = I_3 R_3 = 2 \times 3.2 \text{ V} = 6.4 \text{ V}.$$

8. 由基尔霍夫第一定律（节点电流定律），回路绕行方向（左回路顺时针，右回路逆时针）列方程组

$$\begin{cases} I_1 = I_2 + I_3, \\ E_1 + E_2 = I_1 R_1 + I_2 R_2, \\ E_3 - E_2 = I_3 R_3 - I_2 R_2, \end{cases}$$

代入数据，解得

$$I_2 = 2 \text{ A}, \quad I_3 = 1 \text{ A}, \quad E_1 = 10 \text{ V}.$$

§1-2 流程图的应用

1. B

2. 20

3. 算法如下：

S_1 输入 5 个数 a_1，a_2，a_3，a_4，a_5；

S_2 $M \leftarrow a_1$；

S_3 比较 M 与 a_2，如果 $M < a_2$，则 $M = a_2$；如果 $M \geqslant a_2$，则 M 不变；

S_4 比较 M 与 a_3，如果 $M < a_3$，则 $M = a_3$；如果 $M \geqslant a_3$，则 M 不变；

S_5 比较 M 与 a_4，如果 $M < a_4$，则 $M = a_4$；如果 $M \geqslant a_4$，则 M 不变；

S_6 比较 M 与 a_5，如果 $M < a_5$，则 $M = a_5$；如果 $M \geqslant a_5$，则 M 不变；

S_7 输出 M.

4. 算法如下：

S_1 输入 x；

S_2 计算 $y = \dfrac{9}{5}x + 32$；

S_3 输出 y.

流程图如图 1-1 所示.

5. 算法如下：

S_1 输入 x；

S_2 如果 $x < 2$ 转 S_9，否则转 S_3；

S_3 $q \leftarrow \dfrac{x}{10}$；

S_4 $n \leftarrow 0$；

S_5 如果 $q < 1$ 转 S_8，否则转 S_6；

S_6 $n \leftarrow n + 1$；

S_7 $q \leftarrow q - 1$，转 S_5；

S_8 $y \leftarrow x - 2(n+1)$，转 S_{10}；

S_9 $y \leftarrow 0$；

S_{10} 输出 y.

流程图如图 1-2 所示.

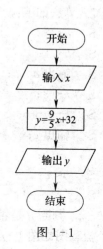

图 1-1

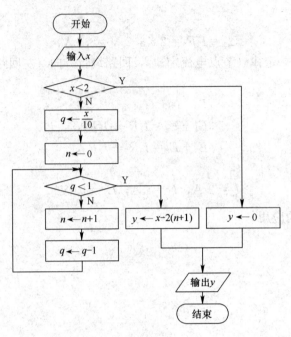

图 1-2

6. 算法如下：

S_1 输入 a，b；

S_2 $q \leftarrow \dfrac{a}{b}$；

S_3 $r \leftarrow q$；

S_4 如果 $r < 1$ 转 S_6，否则转 S_5；

S_5 $r \leftarrow r-1$，转 S_4；

S_6 $q \leftarrow q-r$；

S_7 $r \leftarrow rb$；

S_8 输出 q，r.

流程图如图 1-3 所示.

7. 算法如下：

S_1 $a \leftarrow 1$；

S_2 $b \leftarrow 1$；

S_3 输出 a，b；

S_4 $n \leftarrow 3$；

S_5 $c \leftarrow a+b$；

S_6 输出 c；

S_7 $a \leftarrow b$；

S_8 $b \leftarrow c$；

S_9 $n \leftarrow n+1$；

S_{10} 判断 n 是否大于 100，如果 $n > 100$，则结束运算否则转 S_7.

流程图如图 1-4 所示.

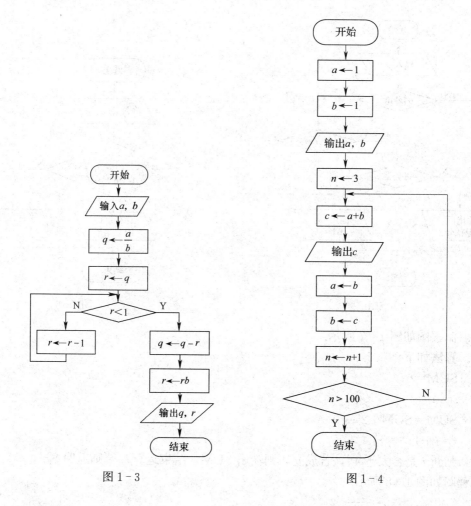

图 1-3

图 1-4

8. 该流程图表示了将 50 个学生中成绩在 80 分以上（包括 80 分）学生的学号和成绩输出的一个算法.

9. 算法如下:

S_1 输入 y;

S_2 判断 y 能否被 4 整除，若能，转 S_3，否则转 S_6;

S_3 判断 y 能否被 100 整除，若能，转 S_4，否则转 S_5;

S_4 判断 y 能否被 400 整除，若能，转 S_5，否则转 S_6;

S_5 输出 "y 是闰年"，结束运算;

S_6 输出 "y 不是闰年"，结束运算.

流程图如图 1-5 所示.

10. 算法如下:

S_1 输入 a，b，c 的值;

S_2 判断 $a+b>c$，$b+c>a$，$c+a>b$ 是否同时成立，如果成立，则存在这样的三角形；否则，不存在这样的三角形.

流程图如图 1-6 所示.

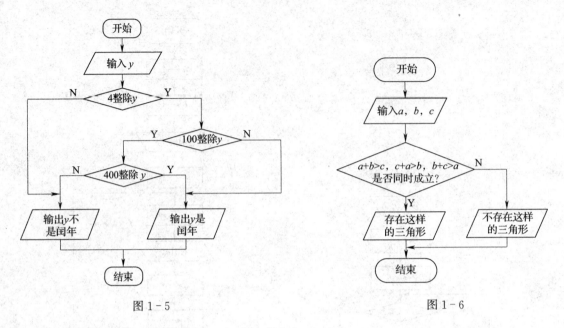

图 1-5

图 1-6

11. 流程图如图 1-7 所示.

12. 算法如下:

S_1 SUM$=0$;

S_2 $i=0$;

S_3 SUM$=$SUM$+2^i$;

S_4 $i=i+1$;

S_5 判断 i 是否大于 49, 若成立, 则输出 SUM, 结束运算; 否则返回 S_3.

流程图如图 1-8 所示.

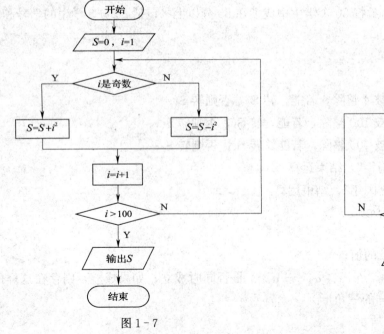

图 1-7

图 1-8

§1-3 计算器的应用

1. 114 min

2. 14.87% （第一问略）

3. 0.023 7 A

4. 2.996

5. 8 719 m

6. (1) 0.559 2; (2) 0.633 8; (3) 1.768 7; (4) 0.176 3

7. (1) 14°20′08″; (2) 65°19′46″; (3) 10°42′10″; (4) 35°58′55″

8. (1) 2.594×10^{10}; (2) 1.500; (3) 1.196; (4) -1.784; (5) 0.444; (6) 5.585; (7) 0.550; (8) -0.545

§1-4 正弦量的复数表示

1. (1) $2j$; (2) $4-3j$; (3) $18-j$; (4) $-\dfrac{15}{2}+\dfrac{1}{2}j$

2. (1) $z_1+z_2=2\left(\cos\dfrac{\pi}{6}+j\sin\dfrac{\pi}{6}\right)+\sqrt{2}\left(\cos\dfrac{\pi}{2}+j\sin\dfrac{\pi}{2}\right)=\sqrt{3}+(1+\sqrt{2})j$;

(2) $z_1 \cdot z_2=2\sqrt{2}e^{j\frac{2}{3}\pi}=2\sqrt{2}\left(\cos\dfrac{2}{3}\pi+j\sin\dfrac{2}{3}\pi\right)=-\sqrt{2}+\sqrt{6}j$;

(3) $z_1\div z_2=\sqrt{2}e^{j\left(\frac{1}{6}\pi-\frac{1}{2}\pi\right)}=\sqrt{2}\left[\cos\left(-\dfrac{\pi}{3}\right)+j\sin\left(-\dfrac{\pi}{3}\right)\right]=\dfrac{\sqrt{2}}{2}-\dfrac{\sqrt{6}}{2}j$;

(4) $z_1^4\div z_2^2=8e^{-j\frac{\pi}{3}}=8\left[\cos\left(-\dfrac{\pi}{3}\right)+j\sin\left(-\dfrac{\pi}{3}\right)\right]=4-4\sqrt{3}j$

3. (1) $\sqrt{2}\left(\cos\dfrac{\pi}{3}+j\sin\dfrac{\pi}{3}\right)\times 5\left(\cos\dfrac{\pi}{6}+j\sin\dfrac{\pi}{6}\right)=5\sqrt{2}j$;

(2) $\sqrt{6}\left(\cos 10°+j\sin 10°\right)\times 4\left(\cos 110°+j\sin 110°\right)=-2\sqrt{6}+6\sqrt{2}j$;

(3) $\sqrt{6}\left(\cos 110°+j\sin 110°\right)\div\sqrt{2}\left(\cos 50°+j\sin 50°\right)=\dfrac{\sqrt{3}}{2}+\dfrac{3}{2}j$;

(4) $\left(\cos 10°+j\sin 10°\right)^9=j$

4. (1) $2\underline{/60°}\times 10\underline{/-120°}=20\underline{/-60°}$;

(2) $8\underline{/90°}\div 2\underline{/45°}=4\underline{/45°}$

5. **解:** $\dot{I}_2=4.25\underline{/45°}=4.25(\cos 45°+j\sin 45°)\ \text{A}\approx(3+3j)\ \text{A}$

$\dot{I}=\dot{I}_1+\dot{I}_2=[(3+4j)+(3+3j)]\ \text{A}=(6+7j)\ \text{A}$

$|\dot{I}|=\sqrt{6^2+7^2}\approx 9.2,\ \tan\theta=\dfrac{7}{6},\ \theta\approx 49.4°$

$\dot{I}=9.2\underline{/49.4°}\ \text{A}$

6. (1) $\dot{U}_1=\dfrac{\dot{U}_{1m}}{\sqrt{2}}\underline{/\dfrac{\pi}{4}}\ \text{V}=\left(\cos\dfrac{\pi}{4}+j\sin\dfrac{\pi}{4}\right)\ \text{V}=\left(\dfrac{\sqrt{2}}{2}+j\dfrac{\sqrt{2}}{2}\right)\ \text{V}$

$\dot{U}_2=\dfrac{\dot{U}_{2m}}{\sqrt{2}}=\dfrac{\sqrt{2}}{2}\underline{/\dfrac{\pi}{3}}\ \text{V}=\dfrac{\sqrt{2}}{2}\left(\cos\dfrac{\pi}{3}+j\sin\dfrac{\pi}{3}\right)\ \text{V}=\left(\dfrac{\sqrt{2}}{4}+j\dfrac{\sqrt{6}}{4}\right)\ \text{V}$

(2) $\dot{U}_1+\dot{U}_2=\left[\left(\dfrac{\sqrt{2}}{2}+\mathrm{j}\dfrac{\sqrt{2}}{2}\right)+\left(\dfrac{\sqrt{2}}{4}+\mathrm{j}\dfrac{\sqrt{6}}{4}\right)\right]$ V$\approx(1.06+1.32\mathrm{j})$ V

$|\dot{U}_1+\dot{U}_2|=\sqrt{1.06^2+1.32^2}\approx1.69$，$\arg(\dot{U}_1+\dot{U}_2)\approx51.2°$ V

$u_1+u_2=1.69\times\sqrt{2}\sin(\omega t+51.2°)$ V$\approx2.39\sin(\omega t+51.2°)$ V

7. **解**：$Z=\dfrac{\dot{U}}{\dot{I}}=\dfrac{\dfrac{50}{\sqrt{2}}\underline{/-30°}}{\dfrac{10}{\sqrt{2}}\underline{/15°}}$ $\Omega=5\underline{/-45°}$ Ω

8. **解**：$\dot{I}_1=10(\cos 60°+\mathrm{j}\sin 60°)$ A$=(5+5\sqrt{3}\mathrm{j})$ A

$\dot{I}_2=5[\cos(-90°)+\mathrm{j}\sin(-90°)]$ A$=-5\mathrm{j}$ A

$\dot{I}_3=\dot{I}_1+\dot{I}_2=[5+(5\sqrt{3}-5)\mathrm{j}]$ A$\approx(5+3.66\mathrm{j})$ A$\approx6.2\underline{/36.2°}$ A

$i_3=6.2\sqrt{2}\sin(\omega t+36.2°)$ A

9. **解**：$\dot{I}_1=(2\sqrt{3}-\mathrm{j})$ A$\approx\sqrt{13}\underline{/-16.1°}$ A

$\dot{I}_2=(-2\sqrt{3}+\mathrm{j})$ A$\approx\sqrt{13}\underline{/163.9°}$ A

$\omega=2\pi f=2\times3.14\times50$ rad/s$=314$ rad/s

$i_1=\sqrt{26}\sin(314t-16.1°)$ A

$i_2=\sqrt{26}\sin(314t+163.9°)$ A

10. **解**：$\dot{U}=10\underline{/0°}$ V

$\dot{I}_R=\dfrac{\dot{U}}{R}=2\underline{/0°}$ A

$\dot{I}_C=\mathrm{j}\omega C\dot{U}=\mathrm{j}\times2\times0.1\times10\underline{/0°}$ A$=2\underline{/90°}$ A

$i_R=2\sqrt{2}\sin 2t$ A，$i_C=2\sqrt{2}\sin(2t+90°)$ A

$\dot{I}=\dot{I}_R+\dot{I}_C=(2\underline{/0°}+2\underline{/90°})$ A$=(2+2\mathrm{j})$ A$=2\sqrt{2}\underline{/45°}$ A

$i=4\sin(2t+45°)$ A

11. **解**：$\dfrac{1}{Z}=\dfrac{1}{R}+\dfrac{1}{\omega L\mathrm{j}}-\dfrac{1}{\dfrac{1}{\omega C}\mathrm{j}}$

$\qquad=\dfrac{1}{100}+\dfrac{1}{2\pi\times100\times0.5\mathrm{j}}+2\pi\times100\times50\times10^{-6}\mathrm{j}$

$\qquad=0.01-0.0032\mathrm{j}+0.0314\mathrm{j}=0.01+0.0282\mathrm{j}$

$\left|\dfrac{1}{Z}\right|=\sqrt{0.01^2+0.0282^2}\approx0.0299$

$\tan\theta=\dfrac{0.0282}{0.01}=2.82$，$\arg\dfrac{1}{Z}\approx70.5°$

$\dfrac{1}{Z}=0.0299\underline{/70.5°}$，$Z\approx33.4\mathrm{e}^{-\mathrm{j}70.5°}$ Ω

12. **解**：$I_1=\dfrac{U}{R_1+\mathrm{j}X_L}=\dfrac{100}{4+3\mathrm{j}}$ A$=(16-12\mathrm{j})$ A

$$I_2 = \frac{U}{R_2 - jX_C} = \frac{100}{6-8j} \text{ A} = (6+8j) \text{ A}$$

$$I = I_1 + I_2 = (16-12j+6+8j) \text{ A} = (22-4j) \text{ A}$$

$$|I| = \sqrt{22^2 + (-4)^2} \approx 22.4$$

$$\theta = \arctan \frac{-4}{22} = -10.3°$$

$$I = 22.4 \;\underline{/-10.3°}\; \text{ A}$$

13. 解：$\dot{U} = 100 \;\underline{/30°}\; \text{V}$

$$\dot{Z} = [9.92 + j(20-21)] \; \Omega = (9.92-j) \; \Omega \approx 10 \;\underline{/-5.8°}\; \Omega$$

$$\dot{I} = \frac{\dot{U}}{\dot{Z}} = \frac{100 \;\underline{/30°}}{10 \;\underline{/-5.8°}} \text{ A} = 10 \;\underline{/35.8°}\; \text{ A}$$

$$i = 10\sqrt{2}\sin(\omega t + 35.8°) \text{ A}$$

相量图如图 1 - 9 所示.

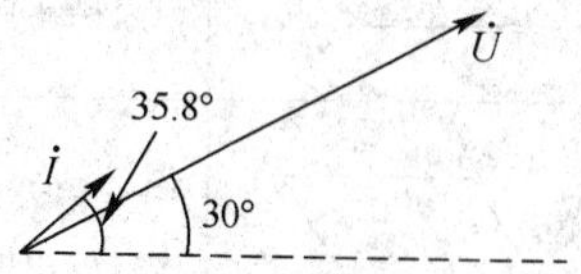

图 1 - 9

Ⅳ　复习与小结

本章主要内容包括四部分，即方程组的应用、流程图的应用、计算器的应用、正弦量的复数表示.

一、方程组的应用

1. 三元方程组的解法

通常先将一个变量看作常数，然后利用其中的两个方程解出另外两个变量与该变量的关系式. 再将此式代入第三个方程中，就能得到一个一元方程，由此就可以方便地解出方程组的解.

2. 二元二次方程组的解法

通常用代入消元法或加减消元法得到一元二次方程，然后用求根公式求出方程的解，最后便可以求出方程组的解.

3. 方程组的应用

主要解决电路中有关电流的计算问题，其关键是根据基尔霍夫第一、第二定律列出相应的方程组.

二、流程图的应用

本节主要讲授了流程图的基本知识，包括常用的图形符号、算法的逻辑结构. 算法的三种基本逻辑结构为顺序结构、选择结构和循环结构. 其中，顺序结构是最简单的，也是最基本的结构，而循环结构必然包含选择结构，所以这三种基本逻辑结构是相互支撑的，它们共同构成了算法的基本结构. 无论算法多么复杂，都可以由这三种结构对其进行表达.

在具体画流程图时要注意：流程线上要有表示执行顺序的箭头；判断框后边的流程线应

根据情况标注"是（Y）"或"否（N）"；在循环结构中，要注意根据条件设计合理的计数变量、累加变量等；要特别注意条件的表述是否恰当、准确.

1. 流程图的概念

流程图又称程序框图，是一种用规定的图形、指向线及文字说明准确、直观地表示算法的图形. 流程图的图形符号及其功能见下表.

程序框	名称	功能
	终端框 （起止框）	表示一个算法的起始或结束，是任何流程图不可少的
	输入、 输出框	表示一个算法输入和输出的信息，可用在算法中任何需要输入、输出的位置
	处理框 （执行框）	赋值或计算，算法中处理数据需要的算式、公式等分别写在不同的用以处理数据的处理框内
	判断框	判断某一条件是否成立，成立时在出口处标明"是"或"Y"；不成立时标明"否"或"N"
	流程线	表示执行步骤的路径

2. 顺序结构

顺序结构是最简单的算法结构，它是由若干个依次执行的处理步骤组成的，语句与语句之间、框与框之间是按从上到下的顺序进行运算的. 顺序结构是任何一个算法都离不开的一种基本算法结构.

顺序结构在程序框图中的体现就是用流程线将程序框自上而下地连接起来，按顺序执行算法步骤. 在图 1-10 中，A 框和 B 框是依次执行的，只有在执行完 A 框的指定操作后，才能接着执行 B 框所指定的操作.

3. 选择结构

选择结构是指在算法中通过对条件的判断，根据条件是否成立而选择不同流向的算法结构. 它的一般形式如图 1-11 所示.

注意：

（1）图 1-11 所示的结构包含一个判断框，根据给定的条件 p 是否成立而选择执行 A 框或 B 框. 无论条件 p 是否成立，只能执行 A 框或 B 框之一，不可能同时执行 A 框和 B 框，也不可能 A 框和 B 框都不执行.

（2）一个选择结构可以有多个判断框.

4. 循环结构

根据指定条件决定是否重复执行一条或多条指令的控制结构称为循环结构.

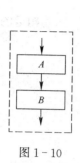

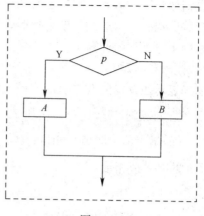

图 1-10

图 1-11

循环结构分为两种——当型和直到型. 当型循环在执行循环体前对控制循环条件进行判断, 当条件满足时执行循环体, 不满足时停止；直到型循环在执行了一次循环体之后, 对控制循环条件进行判断, 当条件不满足时执行循环体, 满足时停止.

三、计算器的应用

由于在专业课程中经常会遇到一些烦琐的数据处理问题, 本节主要是让学生学会怎样使用计算器, 并通过计算器熟练地处理一些指数、对数及三角函数的计算问题.

1. 教学中应根据学生所用计算器的具体类型有选择性地进行介绍, 并要让学生学会能针对自己所用计算器的型号, 对照说明书熟练地进行操作.

2. 在解决实际问题时, 应结合实际需要对计算结果取相应的精确度.

四、正弦量的复数表示

1. 复数的表示方法

复数的表示方法有代数形式、三角形式、极坐标形式、指数形式四种形式. 复数的几种形式之间联结的纽带是复数的模 r 和辐角 θ. 准确求出模 r 和辐角 θ, 就能进行复数不同形式之间的相互转换.

关于复数的表示形式, 归纳后如图 1-12 所示.

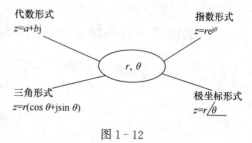

图 1-12

2. 复数的运算

本节内容其实是复习已学过的知识. 通过复习, 可以帮助学生理解及掌握复数几种形式的运算法则, 提高学生复数运算的能力和准确性.

复数代数形式的加减运算并不难, 其与一元多项式的加减法类似, 即实部与实部相加减, 虚部与虚部相加减, 最后写成复数代数形式 $a+bj$. 代数形式的乘法与多项式的乘法类似, 但要注意计算中 $j^2=-1$. 除法运算比较复杂, 其实际上是利用"一对共轭复数之积是实数"的结论进行分母实数化的过程. 复数指数形式的乘除运算满足"同底数幂相乘除, 底数不变，指数相加减"的运算法则，复数三角形式、极坐标形式的乘除运算则需要掌握运算公式. 复数指数形式、三角形式、极坐标形式的乘除运算比代数形式的乘除运算简单得多，因此被广泛运用于电工学的计算中.

3．相量的概念和实质

相量是用来表示正弦量的有效值（或最大值）及初相位的复数，因此相量的实质就是复数，注意几个概念的区别：$\dot{U}_m$ 和 $\dot{U}$、$\dot{I}_m$ 和 $\dot{I}$.

$\dot{U}_m$：电压 u 的最大值（幅值）相量；

$\dot{U}$：电压 u 的有效值相量；

两者的大小仅相差 $\sqrt{2}$ 倍，即 $\dot{U}_m = \sqrt{2}\dot{U}$；

$\dot{I}_m$：电流 i 的最大值（幅值）相量；

$\dot{I}$：电流 i 的有效值相量；

两者的大小仅相差 $\sqrt{2}$ 倍，即 $\dot{I}_m = \sqrt{2}\dot{I}$.

只有在同频率正弦量的分析与计算中才可以用相量表示对应的正弦量.

4．用复数计算阻抗、电流与电压

复数在电工学中的运用是相当广泛的，本部分内容是数学知识在电工学中的应用，在透彻理解相量概念的基础上，对交流电路中各元件进行分析. 在此主要讨论同频率正弦交流电的有效值及其相位关系. 复数的模和辐角正好能体现正弦量的有效值（或最大值）和初相位，采用相量，避免了较为烦琐的三角函数的运算. 电路中各元件电压、电流关系的相量形式与欧姆定律相似，计算中采用复数的哪种形式看具体情况，但要以避免烦琐为原则.

Ⅴ　单　元　测　验

一、选择题（每小题 3 分，共 15 分）

1. 二元一次方程组 $\begin{cases} x+2y=10, \\ y=2x \end{cases}$ 的解是（　　）.

    A. $\begin{cases} x=4 \\ y=3 \end{cases}$ B. $\begin{cases} x=3 \\ y=6 \end{cases}$

    C. $\begin{cases} x=2 \\ y=4 \end{cases}$ D. $\begin{cases} x=4 \\ y=2 \end{cases}$

2. 如果方程组 $\begin{cases} 3x+7y=10, \\ 2ax+(a-1)y=5 \end{cases}$ 的解中的 x 与 y 的值相等，那么 a 的值是（　　）.

    A. 1   B. 2   C. 3   D. 4

3. 如测图 1-1 所示的程序框图中循环体执行的次数为（　　）.

    A. 50   B. 49

    C. 100   D. 99

4. 某程序框图如测图 1-2 所示，则该程序运行后输出的 B 等于（　　　）.

A. 15 　　　　　　　　　　　　　B. 29

C. 31 　　　　　　　　　　　　　D. 63

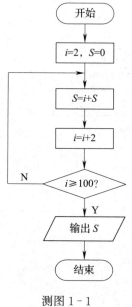

测图 1-1

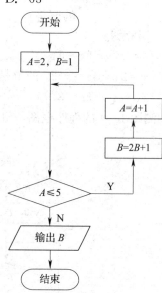

测图 1-2

5. 如测图 1-3 所示的程序框图，运行相应的程序，则输出的 i 等于（　　　）.

A. 2 　　　　　　　　　　　　　B. 3

C. 4 　　　　　　　　　　　　　D. 5

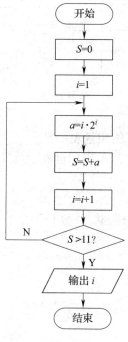

测图 1-3

二、填空题（每小题 3 分，共 15 分）

1. 方程组 $\begin{cases} \dfrac{x}{3} - \dfrac{y}{4} = 1, \\ 3x - 4y = 2 \end{cases}$ 的解是＿＿＿＿＿＿＿＿＿．

2. 方程组 $\begin{cases} 3x + 4y - 5z = 5, \\ x - 2y + 4z = -2, \\ 2x + 2y - 3z = 3 \end{cases}$ 的解是＿＿＿＿＿＿＿＿＿．

3. 执行如测图 1-4 的程序框图，输出的 $T =$ ＿＿＿＿＿＿＿＿＿．

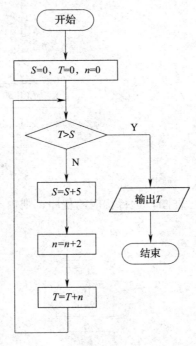

测图 1-4

4. 正弦量 $u = 10\sqrt{2}\,\sin 314t$ V 用相量表示是＿＿＿＿＿＿＿＿＿．

5. 正弦量 $i = -5\,\sin(314t - 60°)$ A 用相量表示是＿＿＿＿＿＿＿＿＿．

三、解答题（共 70 分）

1. 解下列方程组：（每小题 5 分，共 10 分）

(1) $\begin{cases} \dfrac{x+1}{3} + \dfrac{y-1}{2} = 2, \\ \dfrac{2x-1}{3} + \dfrac{1-y}{2} = 1; \end{cases}$

(2) $\begin{cases} x + \dfrac{2y+1}{2} = 4\ (x-1), \\ 3x - 2\ (2y+1) = 4. \end{cases}$

2. 如测图 1-5 所示电路，用支路电流法求各支路电流．（10分）

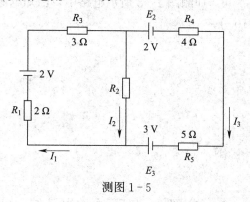

测图 1-5

3. 设计求一个数 x 的绝对值 $y=|x|$ 的算法，并画出相应的流程图．（10分）

4. 电路如测图 1-6 所示，已知 $\omega=2$ rad/s，求电路的总阻抗 Z_{ab}．（10分）

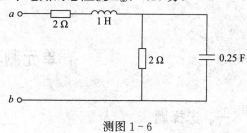

测图 1-6

5. 如测图 1-7 所示电路中，$u_s=10\sin 314t$ V，$R_1=2$ Ω，$R_2=1$ Ω，$L=637$ mH，$C=637$ μF，求总阻抗 Z 和 $\dot{I}$．（10分）

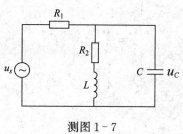

测图 1-7

6. 如测图 1-8 所示电路中，已知电源电压 $U=12$ V，$\omega=2\,000$ rad/s，求电流 $\dot{I}$ 和 $\dot{I}_1$.（10 分）

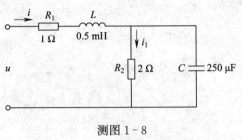

测图 1-8

7. 如测图 1-9 所示电路中，求：（1）AB 间的等效阻抗 Z_{AB}；（2）电压相量 $\dot{U}_{AF}$ 和 $\dot{U}_{DF}$.（10 分）

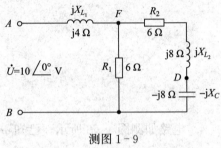

测图 1-9

单元测验参考答案

一、选择题

1. C 2. B 3. B 4. C 5. C

二、填空题

1. $\begin{cases} x=6, \\ y=4 \end{cases}$

2. $\begin{cases} x=\dfrac{1}{2}, \\ y=\dfrac{1}{4}, \\ z=-\dfrac{1}{2} \end{cases}$

3. 30

4. $\dot{U}=10\ \underline{/0°}\ $ V

5. $\dot{I}_{\mathrm{m}}=5\ \underline{/120°}\ $ A

三、解答题

1. （1）$\begin{cases} x=3, \\ y=\dfrac{7}{3}; \end{cases}$ （2）$\begin{cases} x=\dfrac{4}{3}, \\ y=-\dfrac{1}{2}. \end{cases}$

2. 由节点电流定律得

$$-I_1+I_2+I_3=0.$$

由回路 $E_1 \rightarrow R_3 \rightarrow R_2 \rightarrow R_1$ 得

$$I_1R_1-E_1+I_1R_3+I_2R_2=0.$$

由回路 $E_2 \rightarrow R_4 \rightarrow R_5 \rightarrow E_3 \rightarrow R_2$ 得

$$E_2+I_3R_4+I_3R_5-E_3-I_2R_2=0.$$

整理得

$$\begin{cases} -I_1+I_2+I_3=0, \\ 5I_1+2I_2-2=0, \\ 9I_3-2I_2-1=0, \end{cases}$$

解得

$$I_1=\frac{24}{73} \text{ A}, \quad I_2=\frac{13}{73} \text{ A}, \quad I_3=\frac{99}{657} \text{ A}.$$

3. 算法如下：

S_1　输入 x；

S_2　如果 $x \geqslant 0$，$y=x$；否则 $y=-x$；

S_3　输出 y.

流程图如测图 1-10 所示.

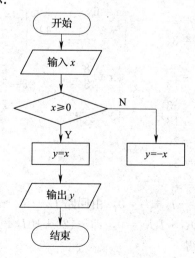

测图 1-10

4. 由 $\omega=2$ rad/s 得

$$X_L=\omega L=2 \text{ }\Omega,$$

$$X_C = \frac{1}{\omega C} = 2\ \Omega,$$

$$Z_{ab} = 2 + jX_L + \frac{1}{\dfrac{1}{2} - \dfrac{1}{jX_C}} = 2 + j2 + \frac{-j4}{2 - j2}$$

$$= 2 + 2j + \frac{-j4(2+j2)}{(2-j2)(2+j2)} = (3+j)\ \Omega.$$

5. $Z = R_1 + Z_1 = (2 - j5.13)\ \Omega,\quad 1.816\ \underline{/68.7^\circ}\ \text{A}.$

6. $\dot{I} = \dfrac{\dot{U}}{Z} = \dfrac{12\ \underline{/0^\circ}}{2} = 6\ \underline{/0^\circ}\ \text{A}.$

$\dot{I}_1 = \dfrac{\dot{U}_C}{R_2} = \dfrac{8.49\ \underline{/-45^\circ}}{2} = 4.29\ \underline{/-45^\circ}\ \text{A}.$

7. (1) $Z_{AB} = \left(\dfrac{1}{\dfrac{1}{6} + \dfrac{1}{6}} + 4j\right)\ \Omega = (3+4j)\ \Omega$

(2) $\dot{U}_{AF} = \dot{I} jX_{L_1} = 2\ \underline{/-53.1^\circ} \times j4 = 8\ \underline{/36.9^\circ}\ \text{V}.$

$\dot{U}_{DF} = -\dot{I}_{FD}(R_2 + j8) = -1\ \underline{/-53.1^\circ} \times (6+j8) = 10\ \underline{/-180^\circ}\ \text{V}.$

Ⅵ 习题册习题参考答案

§1-1 方程组的应用

1. (1) $\begin{cases} x=2, \\ y=-1; \end{cases}$ (2) $\begin{cases} x=2, \\ y=3; \end{cases}$ (3) $\begin{cases} x=6, \\ y=-\dfrac{1}{2}; \end{cases}$ (4) $\begin{cases} x=\dfrac{1}{2}, \\ y=5 \end{cases}$

2. (1) $\begin{cases} x=4, \\ y=-1; \end{cases}$ (2) $\begin{cases} x=\dfrac{9}{13}, \\ y=\dfrac{63}{13}; \end{cases}$ (3) $\begin{cases} x=\dfrac{8}{3}, \\ y=\dfrac{2}{3}; \end{cases}$ (4) $\begin{cases} x=5, \\ y=7 \end{cases}$

3. (1) $\begin{cases} x=2, \\ y=-1, \\ z=1; \end{cases}$ (2) $\begin{cases} x=2, \\ y=3, \\ z=4 \end{cases}$

4. 由节点电流定律得 $-I_1 - I_2 + I_3 = 0$, 由回路 $E_1 \to R_1 \to R_3 \to E_1$ 得
$$-E_1 + I_1 R_1 + I_3 R_3 = 0,\quad 即 -120 + 10I_1 + 10I_3 = 0.$$
由回路 $E_2 \to R_2 \to R_3 \to E_2$ 得
$$-E_2 + I_2 R_2 + I_3 R_3 = 0,\quad 即 -130 + 2I_2 + 10I_3 = 0.$$
联立方程,解得 $I_1 = 1\ \text{A},\ I_2 = 10\ \text{A},\ I_3 = 11\ \text{A}.$

5. 由回路 $E_1 \to R_1 \to R_3 \to E_1$ 得
$$-E_1 + I_1 R_1 + I_3 R_3 = 0,\quad 即 -18 + I_1 + 4I_3 = 0.$$

由回路 $R_3 \rightarrow R_2 \rightarrow E_2 \rightarrow R_3$ 得

$$E_2 - I_3 R_3 - I_2 R_2 = 0,\ 即\ 9 - 4I_3 - I_2 = 0.$$

由节点电流定律得

$$-I_1 - I_2 + I_3 = 0.$$

联立方程，解得 $I_1 = 6$ A，$I_2 = -3$ A，$I_3 = 3$ A.

6. 由节点电流定律得

$$I_1 + I_2 = I_3.$$

由回路 $E_1 \rightarrow E_2 \rightarrow r_2 \rightarrow r_1 \rightarrow E_1$ 得

$$E_1 - E_2 = I_1 r_1 - I_2 r_2,\ 即\ 0.1I_1 - 0.2I_2 = 0.25.$$

由回路 $E_2 \rightarrow R \rightarrow r_2 \rightarrow E_2$ 得

$$E_2 = I_3 R + I_2 r_2,\ 即\ 2I_3 + 0.2I_2 = 1.9.$$

联立方程，解得 $I_1 = 1.5$ A，$I_2 = -0.5$ A，$I_3 = 1$ A.

7. 由节点电流定律得

$$I_1 + I_2 = I_3.$$

由回路 $E_1 - R_1 - R_2 - E_2 - E_1$ 得

$$E_1 - E_2 = I_1 R_1 - I_2 R_2,\ 即\ I_1 - I_2 = 3.$$

由回路 $E_2 - R_2 - R_3 - E_2$ 得

$$E_2 = I_2 R_2 + I_3 R_3,\ 即\ 3I_3 + 2I_2 = 3.$$

联立方程，解得

$$I_1 = \frac{9}{4}\ \text{A},\ I_2 = -\frac{3}{4}\ \text{A},\ I_3 = \frac{3}{2}\ \text{A}.$$

8. 由节点电流定律得

$$I_1 + I_2 + I_3 = 0.$$

由回路 1 得

$$2I_1 - 5I_3 = 4.$$

由回路 2 得

$$-10I_2 + 5I_3 = -1.$$

联立方程，解得

$$I_1 = \frac{11}{16}\ \text{A},\ I_2 = -\frac{13}{80}\ \text{A},\ I_3 = -\frac{21}{40}\ \text{A},\ U_{AB} = -5I_3 + 1 = \frac{29}{8}\ \text{V}.$$

9. 由节点电流定律得

$$I_1 + I_2 = I_3.$$

由回路 1 得

$$2I_1 - 5I_2 = 5.$$

由回路 2 得

$$5I_2 + 10I_3 = 10.$$

联立方程，解得 $I_1 = \frac{25}{16}$ A，$I_2 = -\frac{3}{8}$ A，$I_3 = \frac{19}{16}$ A.

试一试

方法一：支路电流法（图 1 - 13）

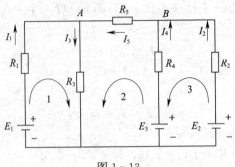

图 1 - 13

节点 A：$I_1 + I_5 = I_3$.

节点 B：$I_4 + I_2 = I_5$.

回路 1：$E_1 = I_1 R_1 + I_3 R_3$.

回路 2：$E_3 = I_4 R_4 + I_3 R_3 + I_5 R_5$.

回路 3：$E_2 - E_3 = I_2 R_2 - I_4 R_4$.

将已知数据代入，联立方程，解得 $I_1 = 1.875$ A；$I_2 = 0.625$ A；$I_3 = 2.125$ A；$I_4 = -0.375$ A；$I_5 = 0.25$ A.

方法二：回路电流法（图 1 - 14）

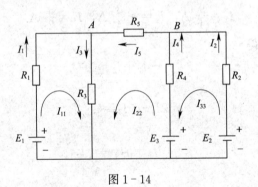

图 1 - 14

假设回路电流方向 I_{11}，I_{22}，I_{33} 及各支路电流的方向如图 1 - 14 所示.

列回路电压方程组得

$$\begin{cases} I_{11}(R_1 + R_3) + I_{22} R_3 = E_1, \\ I_{22}(R_3 + R_4 + R_5) - I_{33} R_4 + I_{11} R_3 = E_3, \\ I_{33}(R_2 + R_4) - I_{22} R_4 = E_2 - E_3. \end{cases}$$

将已知数据代入方程中，解得

$$I_{11} = 1.875 \text{ A}, \quad I_{22} = 0.25 \text{ A}, \quad I_{33} = 0.625 \text{ A},$$

$$I_1 = I_{11} = 1.875 \text{ A}, \quad I_2 = I_{33} = 0.625 \text{ A}, \quad I_3 = I_{11} + I_{22} = 2.125 \text{ A},$$

$$I_4 = I_{22} - I_{33} = -0.375 \text{ A}, \quad I_5 = I_{22} = 0.25 \text{ A}.$$

§1-2 流程图的应用

1. D 2. C 3. C 4. C 5. D

6. C. 语句③中我们对"树的大小"没有明确的标准，无法完成任务，不是有效的算法构造. 语句①描述了从济南到巴黎的行程安排，完成了任务；语句②通过安排工作顺序，完成了烧水泡茶的任务；语句④为纯数学问题，借助正弦定理、余弦定理解三角形，进而求出三角形的面积

7. D

8. C

9. B. 选项 B，例如判断一个整数是否为偶数，结果为"是偶数"和"不是偶数"两种. 选项 A，算法不能等同于解法；选项 C，解决某一个具体问题时，算法不同结果应该相同，否则算法的构造有问题；选项 D，算法可以进行很多次计算，但不可以为无限次

10. D

11. 第一步：输入 n，$n \leqslant 100$（$n \in \mathbf{N}_+$）；

第二步：$S \leftarrow \dfrac{n(n+1)}{2}$

12. 顺序结构、选择结构和循环结构

13. 求两数平方和的算术平方根

14. (1) $\Delta < 0$；

(2) $x_1 \leftarrow \dfrac{-b+\sqrt{\Delta}}{2a}$，$x_2 \leftarrow \dfrac{-b-\sqrt{\Delta}}{2a}$；

(3) 输出 x_1，x_2

15. $n \leqslant 20$

16. S_2 $S \leftarrow A+B+C$；

S_3 $\bar{x} \leftarrow \dfrac{S}{3}$

17. 算法如下：

S_1 两个儿童将船划到右岸；

S_2 他们中一个上岸，另一个划回来；

S_3 儿童上岸，一个士兵划过去；

S_4 士兵上岸，让儿童划回来；

S_5 如果左岸没有士兵了，两个儿童划船到右岸并结束，否则转 S_1.

流程图如图 1-15 所示.

18. 如图 1-16 所示

19. 如图 1-17 所示

20. 该算法解决了将 x，y，z 中的数据依次向左交换的问题. 最后，x 中存放的是 y 的原始数据，y 中存放的是 z 的原始数据，z 中存放的是 x 的原始数据. 流程图如图 1-18 所示.

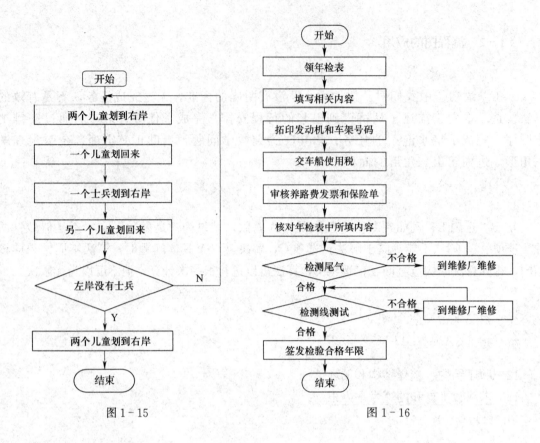

图 1 - 15

图 1 - 16

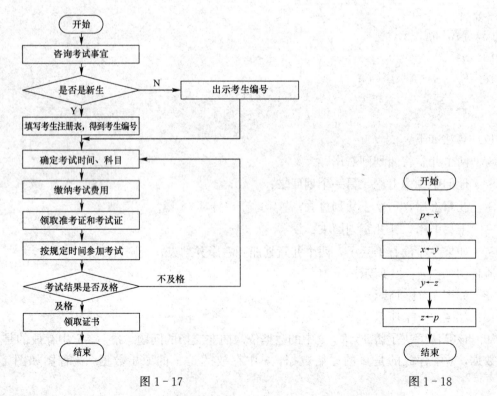

图 1 - 17

图 1 - 18

21. 用选择结构来判断成绩是否高于 80 分，用循环结构控制输入的次数，同时引进两个累加变量 S，m，分别计算高于 80 分的成绩的总和 S 和人数 m，并由此求出平均分 P.

程序框图如图 1-19 所示.

22. 如图 1-20 所示

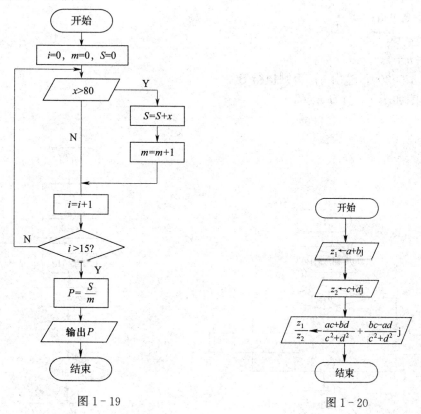

图 1-19

图 1-20

23. 如图 1-21 所示

24. 如图 1-22 所示

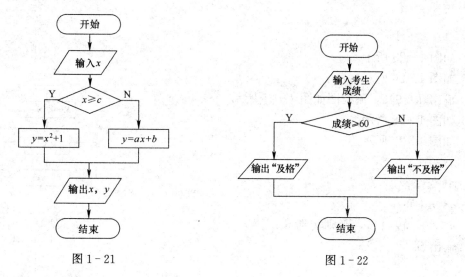

图 1-21

图 1-22

25. 如图 1-23 所示

26. 算法如下：

S_1　$n=2\,021$；

S_2　$a=200$；

S_3　$T=0.05a$；

S_4　$a=a+T$；

S_5　$n=n+1$；

S_6　若 $a>300$，输出 n；否则执行 S_3.

程序框图如图 1-24 所示.

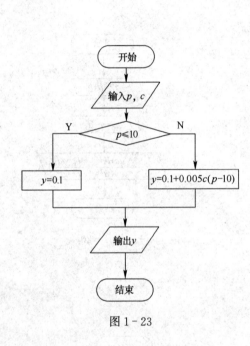

图 1-23

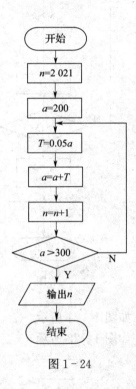

图 1-24

27. 如图 1-25 所示

28. 如图 1-26 所示

29. 输出 $T=945$，流程图如图 1-27 所示

30. 如图 1-28 所示

31. 如图 1-29 所示.

S_1　$n\leftarrow 0$；

S_2　$S\leftarrow 2^n$；

S_3　$n\leftarrow n+1$；

S_4　$n\leqslant 20$，转到 S_2，否则转到 S_5；

S_5　输出 S.

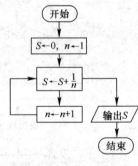

图 1-25

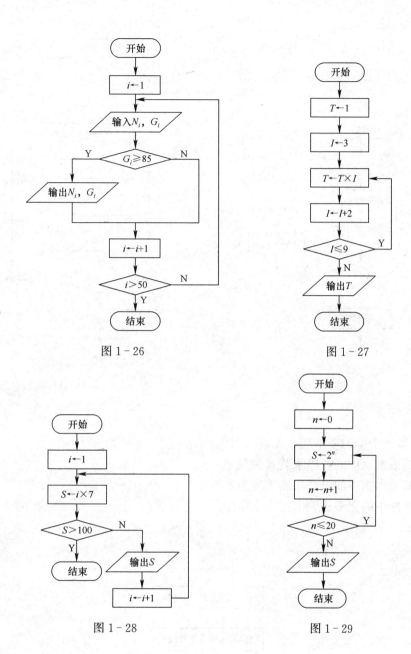

图 1 - 26

图 1 - 27

图 1 - 28

图 1 - 29

32. 如图 1 - 30 所示

33. 如图 1 - 31 所示，打印出的数值为 8，7 682

34. $-\dfrac{1}{2}$

35. 5，10，252

36. $x=0$，$y=x^2=0$；$x=2$，$y=\mathrm{e}^2+\dfrac{1}{2}$；$x=19$，$y=1$

37. 1.384 412 719 479 42

38. $x=0$，$y=25$，$z=75$；$x=4$，$y=18$，$z=78$；$x=8$，$y=11$，$z=81$；$x=12$，$y=4$，$z=84$

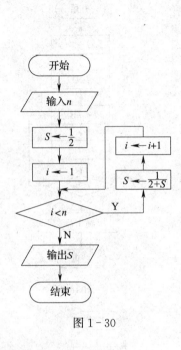

图 1-30

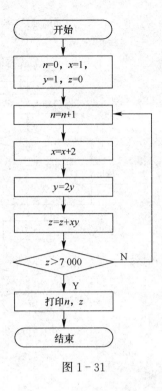

图 1-31

试一试

1. S_1　取 1 个空的墨水瓶,设其为白色;

S_2　将黑墨水瓶中的蓝墨水装入白瓶中;

S_3　将蓝墨水瓶中的黑墨水装入黑墨水瓶中;

S_4　将白瓶中的蓝墨水装入蓝墨水瓶中.

2. 如图 1-32 所示

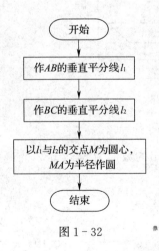

图 1-32

3. 如图 1-33 所示

4. S_1　给定大于 1 的正整数 n;

S_2　令 $i=1$;

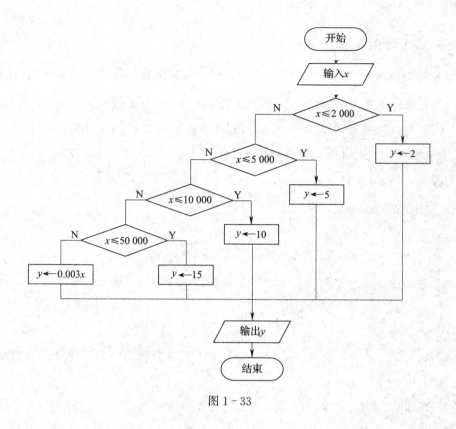

图 1 - 33

S_3 用 i 除 n，得到余数 r；

S_4 判断 "$r=0$" 是否成立，若成立，则 i 是 n 的因数；否则 i 不是 n 的因数；

S_5 将 i 的值增加 1，仍用 i 表示；

S_6 判断 "$i \geqslant n$" 是否成立，若成立，输出因数，结束算法；否则，返回第三步.

流程图如图 1 - 34 所示.

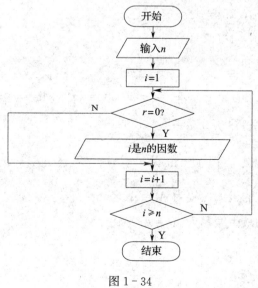

图 1 - 34

§1-3 计算器的应用

1. (1) 1.052；(2) -2.637；(3) -61.259；(4) 0.121 5；(5) 0.612 6；(6) 2.094

2. (1) $\lg 20 = 1.301\ 0$；(2) $\lg \sqrt{8} = 0.451\ 5$；(3) $\lg \sqrt[4]{0.67} = -0.043\ 5$；(4) $\ln 35 = 3.555\ 3$；(5) $\ln 67.89 = 4.217\ 9$；(6) $\ln 0.085 = -2.465\ 1$；(7) $\log_2 3 = 1.585\ 0$；(8) $\log_7 5 = 0.827\ 1$；(9) $\log_{18} 27 = 1.140\ 3$；(10) $\log_{0.3} 6.5 = -1.554\ 7$

3. $I = 0.57 \times 10^{-3} \times 8^{\frac{3}{2}}\ \text{A} \approx 1.29 \times 10^{-2}\ \text{A}$

4. 由已知得 $20\% u_0 = u_0 \mathrm{e}^{-\frac{t}{RC}}$，即 $\mathrm{e}^{-\frac{t}{RC}} = 0.2$，所以

$$\frac{t}{RC} = -\ln 0.2 \approx 1.609.$$

5. 由题意得 $P_0 \mathrm{e}^{-hk} = \frac{1}{5} P_0$，即 $\mathrm{e}^{-hk} = \frac{1}{5}$，所以 $hk = \ln 5$，即

$$h = \frac{\ln 5}{k} = \frac{\ln 5}{0.000\ 126} \approx 12\ 773\ \text{m}.$$

6. (1) 0.109 7, 0.998 3；(2) 0.993 6, 0.201 1；(3) 0.089 2, 6.854 8；(4) 4.401 5, 0.112 2

7. (1) 0.682 0, 0.956 3, 0.622 5, 0.711 8, 0.934 7；

(2) 0.951 1, 0.798 6, 0.554 8, 0.768 7, 0.702 4；

(3) 0.364 0, 3.270 9, 0.472 0, 1.639 3, 1.021 2；

(4) 17.431 4, 0.194 4, 0.402 3, 0.297 8, 1.797 9

8. (1) $16°$, $74°$, $37°10'$, $52°45'$；

(2) $74°$, $16°$, $53°36'$, $36°24'$；

(3) $37°$, $53°$, $17°45'$, $72°5'$；

(4) $53°$, $37°$, $73°50'$, $16°12'$

试一试

(1) $M = \lg 20 - \lg 0.001 = \lg \dfrac{20}{0.001} = \lg 20\ 000 = \lg 2 + \lg 10^4 \approx 4.3$

这次地震的震级约为里氏 4.3 级.

(2) 由 $M = \lg A - \lg A_0$，得 $M = \lg \dfrac{A}{A_0} \Leftrightarrow \dfrac{A}{A_0} = 10^M \Leftrightarrow A = A_0 \times 10^M$.

当 $M = 7.6$ 时，地震的最大振幅为 $A_1 = A_0 \times 10^{7.6}$.

当 $M = 5$ 时，地震的最大振幅为 $A_2 = A_0 \times 10^5$.

$\dfrac{A_1}{A_2} = 10^{2.6} \approx 398$ 倍.

§1-4 正弦量的复数表示

1. 见下表.

a	b	r	θ	$a+bj$	$r(\cos\theta+j\sin\theta)$	$re^{j\theta}$	$z=r\underline{/\theta}$
$-\dfrac{1}{2}$	$\dfrac{\sqrt{3}}{2}$	1	$\dfrac{2\pi}{3}$	$-\dfrac{1}{2}+\dfrac{\sqrt{3}}{2}j$	$\cos\dfrac{2\pi}{3}+j\sin\dfrac{2\pi}{3}$	$e^{j\frac{2\pi}{3}}$	$\underline{/\dfrac{2\pi}{3}}$
$\dfrac{5\sqrt{3}}{2}$	$-\dfrac{5}{2}$	5	$330°$	$\dfrac{5\sqrt{3}}{2}-\dfrac{5}{2}j$	$5(\cos 330°+j\sin 330°)$	$5e^{j330°}$	$5\underline{/330°}$
$-\dfrac{1}{5}$	0	$\dfrac{1}{5}$	π	$-\dfrac{1}{5}$	$\dfrac{1}{5}(\cos\pi+j\sin\pi)$	$\dfrac{1}{5}e^{j\pi}$	$\dfrac{1}{5}\underline{/\pi}$
$\dfrac{3\sqrt{2}}{2}$	$\dfrac{\sqrt{6}}{2}$	$\sqrt{6}$	$\dfrac{\pi}{6}$	$\dfrac{3\sqrt{2}}{2}+\dfrac{\sqrt{6}}{2}j$	$\sqrt{6}\left(\cos\dfrac{\pi}{6}+j\sin\dfrac{\pi}{6}\right)$	$\sqrt{6}e^{j\frac{\pi}{6}}$	$\sqrt{6}\underline{/\dfrac{\pi}{6}}$
$-\dfrac{7\sqrt{2}}{2}$	$\dfrac{7\sqrt{2}}{2}$	7	$\dfrac{3\pi}{4}$	$-\dfrac{7\sqrt{2}}{2}+\dfrac{7\sqrt{2}}{2}j$	$7\left(\cos\dfrac{3\pi}{4}+j\sin\dfrac{3\pi}{4}\right)$	$7e^{j\frac{3\pi}{4}}$	$7\underline{/\dfrac{3\pi}{4}}$
$6\sqrt{3}$	-6	12	$-30°$	$6\sqrt{3}-6j$	$12[\cos(-30°)+j\sin(-30°)]$	$12e^{-j30°}$	$12\underline{/-30°}$

2. (1) $-10-4j$；　　(2) $8-31j$；

(3) $\dfrac{2}{5}+\dfrac{1}{5}j$；　　(4) $\dfrac{2}{13}+\dfrac{23}{13}j$；

(5) $3\sqrt{3}\left(\cos\dfrac{7\pi}{6}+j\sin\dfrac{7\pi}{6}\right)=-\dfrac{9}{2}-\dfrac{3\sqrt{3}}{2}j$；

(6) $\sqrt{2}\left(\cos\dfrac{7\pi}{20}+j\sin\dfrac{7\pi}{20}\right)\approx 0.64+1.26j$；

(7) $\cos 135°+j\sin 135°=-\dfrac{\sqrt{2}}{2}+\dfrac{\sqrt{2}}{2}j$；

(8) $e^{-j\frac{5\pi}{6}}$；　　(9) $\dfrac{\sqrt{2}}{2}e^{j\frac{11\pi}{12}}$

3. **解**：$z=5(\cos 53°8'+j\sin 53°8')\approx 3+4j$.

代数形式 $z=3+4j$；极坐标形式 $z=5\underline{/53°8'}$；指数形式 $z=5e^{j53°8'}$.

4. **解**：$\dot{I}=\dot{I}_1+\dot{I}_2$

$\qquad=[(100+1)+j(1+1)]\,A=(101+2j)\,A$.

$|\dot{I}| = \sqrt{101^2 + 2^2} \approx 101$，$\varphi = \arctan \dfrac{2}{101} \approx 1.13°$.

所以$\dot{I} \approx 101 \,\underline{/1.13°}$.

5. 正弦量$\dot{U} = 220e^{j60°}$ V 的三角函数式为 $u = 220\sqrt{2}\sin(\omega t + 60°)$ V.
正弦波形和相量图如图 1 - 35 所示.

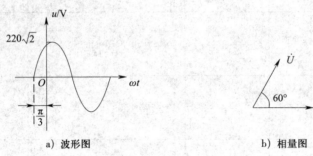

a) 波形图　　　　　　　　　b) 相量图

图 1 - 35

6. **解**：$Z = R + j\left(\omega L - \dfrac{1}{\omega C}\right)$

$\qquad = \left[5 + j\left(2 \times 3.14 \times 50 \times 0.1 - \dfrac{1 \times 10^6}{2 \times 3.14 \times 50 \times 100}\right)\right]\Omega$

$\qquad \approx [5 + j(31.4 - 31.85)]\ \Omega$

$\qquad = (5 - 0.45j)\ \Omega$.

总阻抗为

$$|Z| = \sqrt{5^2 + (-0.45)^2}\ \Omega \approx 5.02\ \Omega.$$

由 $\tan\theta = \dfrac{-0.45}{5} = -0.09$，得

$$\arg Z \approx -5.1°.$$

所以，总复阻抗的三角形式为

$$Z = 5.02[\cos(-5.1°) + j\sin(-5.1°)]\ \Omega.$$

7. **解**：$\dfrac{1}{Z} = \dfrac{1}{R_1 + jX_{L_1}} + \dfrac{1}{R_2 + jX_{L_2}}$

$\qquad = \dfrac{1}{4 + 3j} + \dfrac{1}{12 + 5j}$

$\qquad \approx 0.23 - 0.15j$.

$\left|\dfrac{1}{Z}\right| = \sqrt{0.23^2 + (-0.15)^2} \approx 0.27$.

$\tan\theta = -\dfrac{0.15}{0.23} \approx -0.65$，$\arg\dfrac{1}{Z} \approx -33°$.

$\dfrac{1}{Z} \approx 0.27e^{-j33°}$，$Z \approx 3.7e^{j33°}\ \Omega$，$|Z| = 3.7\ \Omega$.

8. **解**：$\dot{I}_m = 22.36\,\underline{/19.7°}$ A，$\dot{I}_{2m} = 10\,\underline{/83.13°}$ A，$\dot{U}_m = 100\,\underline{/30°}$ V.

$\dot{I}_{1m} = \dot{I}_m - \dot{I}_{2m} = 20\,\underline{/-6.87°}$ A.

$i_1 = 20\sin(314t - 6.87°)$ A.

$$Z_1 = \frac{\dot{U}_m}{\dot{I}_{1m}} = \frac{100\ \angle 30°}{20\ \angle -6.87°}\ \Omega = 5\ \angle 36.87°\ \Omega.$$

$$Z_2 = \frac{\dot{U}_m}{\dot{I}_{2m}} = \frac{100\ \angle 30°}{10\ \angle 83.13°}\ \Omega = 10\ \angle -53.13°\ \Omega.$$

9. **解：** $U = 10$ V，$U_R = 10$ V，$U_L = 10$ V，$U_C = 10$ V 和电路总阻抗 $|Z| = 10\ \Omega$

10. **解：** $\dot{Z} = R + j\omega L = [20 + j(2 \times 3.14 \times 50 \times 20 \times 10^{-3})]\ \Omega$

$$= (20 + 6.28j)\ \Omega \approx 21e^{j17.4°}\ \Omega.$$

$$\dot{I} = \frac{\dot{U}}{\dot{Z}} = \frac{200}{21e^{j17.4°}}\ A \approx 9.52e^{-j17.4°}\ A.$$

$$U_R = \dot{I}R$$

$$= 9.52\ \angle -17.4° \times 20\ V = 190.4\ \angle -17.4°\ V.$$

$$U_L = \dot{I}\omega L$$

$$= 9.52\ \angle -17.4° \times 6.28\ V \approx 59.8\ \angle -17.4°\ V.$$

11. **解：** $X_L = \omega L = 2\pi fL$

$$= 2\pi \times 50 \times 20 \times 10^{-3}\ \Omega = 6.28\ \Omega.$$

$$X_C = \frac{1}{2\pi fC}$$

$$= \frac{1 \times 10^6}{2\pi \times 50 \times 500}\ \Omega \approx 6.37\ \Omega.$$

$$\dot{Z} = R + j(X_L - X_C)$$

$$= [10 + j(6.28 - 6.37)]\ \Omega = (10 - 0.09j)\ \Omega \approx 10.0004e^{-j0.52°}\ \Omega.$$

$$\dot{I} = \frac{\dot{U}}{\dot{Z}} = \frac{200}{10.0004e^{-j0.52°}}\ A \approx 20e^{j0.52°}\ A.$$

12. **解：** $\dfrac{1}{Z} = \dfrac{1}{R_2 + jX_L} + \dfrac{1}{R_1} = \dfrac{1}{7 + 24j} + \dfrac{1}{25} = \dfrac{32 - 24j}{625} = \dfrac{8}{125}e^{-j36.9°}.$

$$\dot{I} = \frac{\dot{U}}{Z} = 200 \times \frac{8}{125}e^{-j36.9°}\ A = 12.8e^{-j36.9°}\ A.$$

13. **解：** $\dfrac{1}{Z} = \dfrac{1}{R + jX_L} - \dfrac{1}{jX_C} = \dfrac{1}{50 + j314 \times 191 \times 10^{-3}} - \dfrac{1}{j\dfrac{1}{314 \times 80 \times 10^{-6}}}$

$$= 0.008 + 0.015j = 0.017e^{j61.9°}.$$

$$\dot{I} = \frac{\dot{U}}{Z} = 200 \times 0.017e^{j61.9°}\ A = 3.4e^{j61.9°}\ A.$$

14. **解：** (1) $\dot{U}_1 = 150e^{j36.9°}$ V，$\dot{U}_2 = 220e^{j60°}$ V，$\dot{U}_3 = 60e^{j30°}$ V

(2) $\dot{U} = \dot{U}_1 + \dot{U}_2 + \dot{U}_3$

$$= [150(\cos 36.9° + j\sin 36.9°) + 220(\cos 60° + j\sin 60°) + 60(\cos 30° + j\sin 30°)]\ V$$

$$=(281.91+310.58j)\ V\approx419.44e^{j47.77°}\ V.$$

$$u_1+u_2+u_3=419.44\sqrt{2}\sin\ (\omega t+47.77°)\ V$$

15. **解**：$\dot{I}_m=\dot{I}_{1m}+\dot{I}_{2m}$

$$=(8\cos 60°+j8\sin 60°)+(6\cos 30°-6j\sin 30°)\ A$$

$$=[(4+j6.93)+(5.2-j3)]A=(9.2+j3.93)\ A.$$

$$\dot{I}_m=10\angle 23.1°\ A.$$

所以正弦电流为 $i=10\sin(\omega t+23.1°)\ A$

相量图如图 1-36 所示.

16. **解**：(1) $\dot{U}_1=110\sqrt{2}\angle -45°\ V$；

(2) $\dot{U}_2=50\sqrt{2}\angle 45°\ V.$

17. **解**：$\dot{I}_m=\dot{I}_{1m}+\dot{I}_{2m}=(10e^{j0°}+20e^{j30°})\ A$

$$=(27.32+10j)\ A\approx29.09e^{j20.1°}\ A.$$

$$i=29.09\sin(314t+20.1°)\ A$$

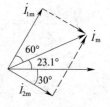

图 1-36

18. **解**：$Z=(0.5-j0.5)\ \Omega=0.5\sqrt{2}e^{j45°}\ \Omega.$

$$\dot{I}_m=\frac{8.48e^{j30°}}{0.5\sqrt{2}e^{-j45°}}\ A\approx11.99e^{j75°}\ A.$$

$$i=11.99\sin(314t+75°)\ A.$$

19. **解**：(1) $\dot{U}=(120+50j)\ V=130e^{j22.6°}\ V.$

$$\dot{I}=(8+6j)\ A=10e^{j36.9°}\ A.$$

电压、电流有效值为 $U=130\ V,\ I=10\ A.$

电压、电流瞬时值表达式为

$$u=130\sqrt{2}\sin(314t+22.6°)\ V,$$

$$i=10\sqrt{2}\sin(314t+36.9°)\ A,$$

相位差 $\varphi_u-\varphi_i=22.6°-36.9°=-14.3°.$

(2) 复阻抗 $Z=\dfrac{\dot{U}}{\dot{I}}=\dfrac{130e^{j22.6°}}{10e^{j36.9°}}\ \Omega=13e^{-j14.3°}\ \Omega$

20. **解**：$\omega=10^6\ rad/s.$

$$\dot{U}_R=e^{j0°}\ V,\ \dot{I}_R=\frac{\dot{U}_R}{R}=\frac{1}{200}e^{j0°}\ A.$$

$$\dot{U}=(R+jX_L)\dot{I}$$

$$=(200+j0.1\times10^{-3}\times10^6)\frac{1}{200}e^{j0°}\ V$$

$$=(200+100j)\frac{1}{200}e^{j0°}\ V=(1+0.5j)e^{j0°}\ V$$

$$\approx1.12e^{j26.6°}\ V.$$

$$u(t)=1.12\sqrt{2}\sin(10^6t+26.6°)\ V$$

其相量图如图 1-37 所示.

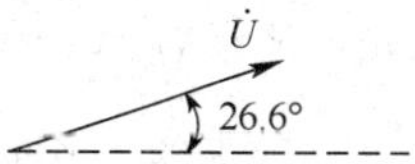

21. **解**: $\dot{I}=\dfrac{\dot{U}}{R-jX_C}=\dfrac{100\ /0°}{4-j3}$ A$=\dfrac{100\ /0°}{5\ /\arctan\dfrac{-3}{4}}$ A$=\dfrac{100\ /0°}{5\ /-36.9°}$ A

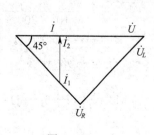

图 1-37

$$=20\ /36.9°\ \text{A}.$$

$i=20\sqrt{2}\sin(\omega t+36.9°)$ A.

22. **解**: (1) $\dot{U}_m=200e^{j0°}$ V, $\dot{I}_m=10e^{j0°}$ A.

$Z=\dfrac{\dot{U}_m}{\dot{I}_m}=\dfrac{200e^{j0°}}{10e^{j0°}}$ Ω$=20$ Ω.

(2) $\dot{U}_m=10e^{j45°}$ V, $\dot{I}_m=2e^{j35°}$ A.

$Z=\dfrac{\dot{U}_m}{\dot{I}_m}=\dfrac{10e^{j45°}}{2e^{j35°}}$ Ω$=5e^{j10°}$ Ω.

(3) $\dot{U}_m=200e^{j60°}$ V, $\dot{I}_m=10e^{-j30°}$ A.

$Z=\dfrac{\dot{U}_m}{\dot{I}_m}=\dfrac{200e^{j60°}}{10e^{-j30°}}$ Ω$=20e^{j90°}$ Ω.

(4) $\dot{U}_m=40e^{j17°}$ V, $\dot{I}_m=8e^{j0°}$ A.

$Z=\dfrac{\dot{U}_m}{\dot{I}_m}=\dfrac{40e^{j17°}}{8e^{j0°}}$ Ω$=5e^{j17°}$ Ω

23. **解**: $X_L=\omega L=10^3\times0.1$ Ω$=100$ Ω.

$\dot{U}=(80+200j)$ V$=[R+j(X_L-X_C)]\dot{I}_L=[20+j(100-X_C)]\times4=80+4j(100-X_C)$.

由题意得 $200=4\times(100-X_C)$, 解得

$$X_C=50\ \text{Ω}.$$

因为 $X_C=\dfrac{1}{\omega C}$, 所以 $50=\dfrac{1}{1\times10^3 C}$, 得 $C=20$ μF

24. **解**: (1) 由 $U=220$ V, 得 V 的读数为 220 V.

由 $I_1=\dfrac{22}{\sqrt{2}}=15.6$ A, $I_2=11$ A, 得

$\dot{I}=\dot{I}_1+\dot{I}_2=15.6\ /-45°+11\ /90°$ A≈11 A

得电流表 A, A_1, A_2 的读数分别为 11 A, 15.6 A, 11 A.

也可以根据相量图 (图 1-38) 求得:

$I=\sqrt{15.6^2-11^2}$ A$=11$ A

$\dot{I}=\dot{I}_1+\dot{I}_2=(15.6\ /-45°+11\ /90°\ )$ A≈11 A.

(2) $Z_1=\dfrac{\dot{U}}{\dot{I}_1}=\dfrac{220\ /0°}{15.6\ /-45°}$ Ω$=14.1\ /45°$ Ω$=(10+j10)$ Ω.

图 1-38

$R = X_L = 10 \ \Omega, \quad L = \dfrac{X_L}{2\pi f} = 0.031\ 8 \text{ H}.$

$Z_2 = \dfrac{\dot{U}}{\dot{I}_2} = \dfrac{220 \ \underline{/0°}}{11 \ \underline{/90°}} \ \Omega = 20 \ \underline{/-90°} \ \Omega.$

$C = \dfrac{1}{2\pi f X_C} = \dfrac{1}{314 \times 20} = 159 \ \mu\text{F}.$

25. **解:** $\dot{U}_C = 100 e^{j0°} \text{ V}.$

$\dot{I}_C = \dfrac{\dot{U}_C}{-jX_C}$

$\quad = \dfrac{100 e^{j0°}}{-j200} \text{ A} = \dfrac{100 e^{j0°}}{200 e^{-j90°}} \text{ A} = \dfrac{1}{2} e^{j90°} \text{ A}.$

$\dot{I}_R = \dfrac{\dot{U}_C}{R}$

$\quad = \dfrac{100 e^{j0°}}{150} \text{ A} = \dfrac{2}{3} e^{j0°} \text{ A}.$

$\dot{I} = \dot{I}_C + \dot{I}_R$

$\quad = \left(\dfrac{1}{2} e^{j90°} + \dfrac{2}{3} e^{j0°} \right) \text{ A} = \dfrac{5}{6} e^{j36.9°} \text{ A}.$

所以 $I = \dfrac{5}{6} \text{ A}.$

$\dot{U} = \dot{U}_C + jX_L \dot{I}$

$\quad = \left(100 e^{j0°} + j100 \times \dfrac{5}{6} e^{j36.9°} \right) \text{ V}$

$\quad = \left[100 + j \dfrac{50}{3}(4 + 3j) \right] \text{ V} = \left(50 + \dfrac{200}{3}j \right) \text{ V}$

$\quad = \dfrac{50}{3}(3 + 4j) \text{ V} = \dfrac{250}{3} e^{j36.9°} \text{ V}.$

所以 $U = \dfrac{250}{3} \text{ V} \approx 83.3 \text{ V}$

26. **解:** $X_L = j\omega L$

$\qquad\quad = j10^6 \times 6 \times 10^{-3} \ \Omega = j6 \times 10^3 \ \Omega = 6j \text{ k}\Omega.$

$X_{C_1} = X_{C_2} = -\dfrac{1}{\omega C}j$

$\qquad = -\dfrac{j}{10^6 \times 200 \times 10^{-12}} \ \Omega$

$\qquad = -j5 \times 10^3 \ \Omega = -5j \text{ k}\Omega.$

$\dot{U}_L = 30 e^{j45°} \text{ V}.$

$\dot{U} = \dfrac{\dot{U}_L}{6j}(1 + 6j - 5j) = \dfrac{\dot{U}_L(1 + j)}{6j}.$

$\dot{I}_C = \dfrac{\dot{U}}{-5j} = \dfrac{\dot{U}_L(1 + j)}{-5j \times 6j}.$

$$= \frac{30e^{j45°}(1+j)}{30} \text{ mA}$$

$$= (1+j)e^{j45°} \text{ mA}$$

$$= \sqrt{2}e^{j45°}e^{j45°} \text{ mA} = \sqrt{2}e^{j90°} \text{ mA}.$$

$$i_C = 2\cos(1 \times 10^6 t + 90°) \text{ mA}.$$

27. 解： 设 $\dot{U}_2 = U_2 \underline{/0°}$，由于总电流 $\dot{I}$ 与总电压 $\dot{U}$ 同相，则总电流 $\dot{I}$ 与电压 $\dot{U}_2$ 也同相，作出相量图（图 1-39）.

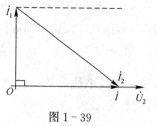

图 1-39

$$I = \sqrt{I_2^2 - I_1^2} = \sqrt{20^2 - 10^2} \text{ A} = 10\sqrt{3} \text{ A}.$$

$$\dot{I}_1 = 10 \underline{/90°} \text{ A}, \quad \dot{I}_2 = 20 \underline{/-30°} \text{ A}.$$

$$R_2 + jX_2 = \frac{\dot{U}_2}{\dot{I}_2}, \quad \dot{I}_2 = \frac{\dot{U}_2}{R_2 + jX_2} = 20 \underline{/-30°} \text{ A}.$$

$$\arctan \frac{X_2}{R_2} = 30°, \quad X_2 = R_2 \tan 30° \approx 2.89 \ \Omega.$$

$$U_2 = \sqrt{R_2^2 + X_2^2} \times I_2$$

$$= 5 \times \sqrt{1 + \left(\frac{\sqrt{3}}{3}\right)^2} \times 20 \text{ V} = \frac{200\sqrt{3}}{3} \text{ V}.$$

$$X_C = \frac{U_2}{I_1} = \frac{20\sqrt{3}}{3} \ \Omega \approx 11.55 \ \Omega.$$

$$U_R = U - U_2 = \left(220 - \frac{200\sqrt{3}}{3}\right) \text{ V} \approx 104.53 \text{ V}.$$

$$R = \frac{U_R}{I} = \frac{104.53}{10\sqrt{3}} \ \Omega \approx 6.04 \ \Omega.$$

28. 解： (1) $i = 2\sin(10t + 140°) = 2\cos(10t + 50°)$.

$$\dot{U}_m = 10 \underline{/50°} \text{ V}, \quad \dot{I}_m = 2 \underline{/50°} \text{ A}.$$

$$Z = \frac{\dot{U}_m}{\dot{I}_m} = \frac{10 \underline{/50°}}{2 \underline{/50°}} = 5 \ \Omega.$$

即 N 可能是 $R = 5 \ \Omega$ 的电阻元件.

(2) $u = 10\sin 100t = 10\cos(100t - 90°)$.

$$\dot{U}_m = 10 \underline{/-90°} \text{ V}, \quad \dot{I}_m = 2 \underline{/0°} \text{ A}.$$

$$Z = \frac{\dot{U}_m}{\dot{I}_m} = \frac{10 \underline{/-90°}}{2 \underline{/0°}} = 5 \underline{/-90°} = -5j = -j \frac{1}{100C}.$$

得 $C = \frac{1}{500} \text{ F} = 2 \text{ mF}.$

即 N 可能是 $C = 2 \text{ mF}$ 的电容元件.

(3) $u = -10\cos 10t = 10\cos(10t + 180°)$.

$i = -2\sin 10t = 2\cos(10t + 90°)$.

$$\dot{U}_m = 10 \underline{/180°} \text{ V}, \quad \dot{I}_m = 2 \underline{/90°} \text{ A}.$$

因为 $Z=\dfrac{\dot{U}_m}{\dot{I}_m}=\dfrac{10\ \angle 180°}{2\ \angle 90°}=5\ \angle 90°=5\mathrm{j}=\mathrm{j}\omega L.$

所以 $5\mathrm{j}=\mathrm{j}10L$，$L=0.5\ \mathrm{H}.$

即 N 可能是 $L=0.5\ \mathrm{H}$ 的电感元件.

29. 解: (1) RLC 并联电路，$X_L=X_C=R=2\ \Omega$，所有各元件中电流的大小是相等的，即 $I_L=I_C=I_R$，相量图如图 1 - 40 所示.

由相量图可知，电流表 A_1 所测量的总电流 I_1 就是电阻电流 I_R，所以 $I_L=I_C=I_R=3\ \mathrm{A}$，所以电流表 A_3 的读数为 $3\ \mathrm{A}$. 电流表 A_2 测量的是 $\dot{I}_R$ 和 $\dot{I}_C$ 的总和. 由相量图可知 A_2 的读数为 $4.24\ \mathrm{A}$.

(2) $\dfrac{1}{Z}=\dfrac{1}{R}+\dfrac{1}{\mathrm{j}X_L}+\dfrac{1}{\mathrm{j}X_C}=\dfrac{1}{2}+\dfrac{1}{2\mathrm{j}}-\dfrac{1}{2\mathrm{j}}=\dfrac{1}{2}.$

并联等效阻抗 $Z=2\ \Omega.$

30. 解: 作相量图（图 1 - 41）

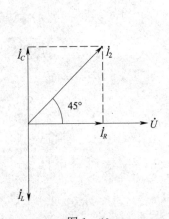

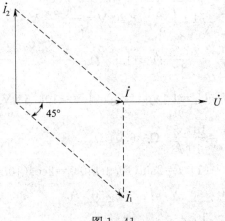

图 1 - 40　　　　　　　　　　　图 1 - 41

$I_2=I_1\sin 45°=11\ \mathrm{A}.$

$I=\sqrt{I_1{}^2-I_2{}^2}=11\ \mathrm{A}.$

$X_C=\dfrac{U}{I_2}=20\ \Omega.$

$C=\dfrac{1}{\omega X_C}=159\ \mu\mathrm{F}.$

$|Z_1|=\dfrac{U}{I_1}=10\sqrt{2}\ \Omega.$

$R=|Z_1|\cos 45°=10\ \Omega.$

$X_L=|Z_1|\sin 45°=10\ \Omega.$

$L=\dfrac{X_L}{\omega}\approx0.031\ 8\ \mathrm{H}.$

试一试

a 图最暗，c 图最亮. 因为电压相同时，阻抗最小的电流最大，灯泡的功率也就最大；阻抗最大的电流最小，灯泡的功率也就最小.

复习题参考答案

1. $\begin{cases} x=-4, \\ y=0, \\ z=4 \end{cases}$

2. 由节点电流定律得

$$-I_1-I_2+I_3=0.$$

由回路 $E_1 \rightarrow R_1 \rightarrow E_2 \rightarrow R_2$ 得

$$-E_1+I_1R_1-I_2R_2+E_2=0.$$

由回路 $E_2 \rightarrow R_2 \rightarrow R_3$ 得

$$-E_2+I_2R_2+I_3R_3=0,$$

整理得方程组

$$\begin{cases} -I_1-I_2+I_3=0, \\ I_1-5I_2=0, \\ -17+5I_2+2I_3=0, \end{cases}$$

解得

$$I_1=5 \text{ A}, \quad I_2=1 \text{ A}, \quad I_3=6 \text{ A}.$$

3. 算法如下：

S_1　输入两个实数 a，b；

S_2　计算 $c=a+b$；

S_3　计算 $x=\dfrac{c}{2}$；

S_4　输出 x.

流程图如图 1-42 所示

4. （1）$(0.2)^5=0.000\,32$；

（2）$(7.2)^{-3}\approx0.002\,679$；

（3）$\sqrt[7]{123}\approx1.988\,6$

5. （1）$\lg 3.2\approx0.505\,1$；

（2）$\log_7 2.1\approx0.381\,3$

6. $z=18-40\text{j}\approx44 \angle -65.8°$

7. 当交流电路中接入电阻、电容、电感后，总复阻抗 Z 为：

$$Z=R+\text{j}X_L-\text{j}X_C=R+\text{j}\left(\omega L-\frac{1}{\omega C}\right),$$

将各已知值代入上式，得总复阻抗：

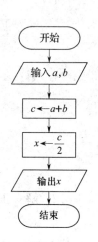

图 1-42

$$Z \approx \left[100 + j\left(2 \times 3.14 \times 60 \times 0.5 - \frac{10^6}{2 \times 3.14 \times 60 \times 30}\right)\right] \Omega$$
$$\approx [100 + j(188.4 - 88.5)]\ \Omega$$
$$\approx (100 + j100)\ \Omega.$$

总阻抗为:

$$|Z| = \sqrt{100^2 + 100^2}\ \Omega \approx 141.4\ \Omega.$$

由 $\tan\theta = 1$, 得 $\arg Z = \dfrac{\pi}{4}$. 所以, 总复阻抗的三角形式为:

$$Z = 141.4\left(\cos\frac{\pi}{4} + j\sin\frac{\pi}{4}\right)$$

8. **解:** (1) $\sqrt{2}\left(\cos\dfrac{\pi}{12} + j\sin\dfrac{\pi}{12}\right) \cdot \sqrt{3}\left(\cos\dfrac{\pi}{6} + j\sin\dfrac{\pi}{6}\right) = \sqrt{6}\left(\cos\dfrac{\pi}{4} + j\sin\dfrac{\pi}{4}\right) = \sqrt{3} + \sqrt{3}j;$

(2) $4\left(\cos\dfrac{2\pi}{3} + j\sin\dfrac{2\pi}{3}\right) \div \left[2\left(\cos\dfrac{5\pi}{6} + j\sin\dfrac{5\pi}{6}\right)\right]$

$$= 2\left[\cos\left(-\frac{\pi}{6}\right) + j\sin\left(-\frac{\pi}{6}\right)\right]$$

$$= 2\left(\frac{\sqrt{3}}{2} - \frac{1}{2}j\right) = \sqrt{3} - j$$

9. **解:** (1) $9.6e^{-j\pi} \cdot 10e^{j\frac{5\pi}{3}} = 96e^{j\frac{2\pi}{3}} = -48 + 48\sqrt{3}j;$

(2) $92e^{j\frac{\pi}{2}} \div (23e^{-j\frac{7\pi}{6}}) = 4e^{j\frac{5\pi}{3}} = -2 - 2\sqrt{3}j;$

(3) $(\sqrt{2}e^{j\frac{\pi}{4}})^4 = 4e^{j\pi} = -4$

10. **解:** 因为

$$\dot{I}_1 = 2e^{j\frac{\pi}{6}} = 2\left(\cos\frac{\pi}{6} + j\sin\frac{\pi}{6}\right) \approx 1.732 + j,$$

$$\dot{I}_2 = 2e^{j\frac{\pi}{3}} = 2\left(\cos\frac{\pi}{3} + j\sin\frac{\pi}{3}\right) \approx 1 + 1.732j,$$

$$\dot{I}_3 = 6e^{j\frac{\pi}{6}} = 6\left(\cos\frac{\pi}{6} + j\sin\frac{\pi}{6}\right) \approx 5.196 + 3j.$$

所以

$$\dot{I} = \dot{I}_1 + \dot{I}_2 + \dot{I}_3 \approx (1.732 + j) + (1 + 1.732j) + (5.196 + 3j)$$
$$\approx 7.93 + 5.73j.$$

11. **解:** $Z = 100 + j\left(2\pi \times 60 \times 0.5 - \dfrac{1}{2\pi \times 60 \times 30 \times 10^{-6}}\right)$

$$= 100 + \left(60\pi - \frac{1}{3.6\pi \times 10^{-3}}\right)j$$

$$= 100 + \left(60\pi - \frac{1\,000}{3.6\pi}\right)j$$

$$\approx 100 + 100.1j.$$

12. **解:** 正弦电流为

$$\dot{I} = 2\ \underline{/0°}.$$

电感元件的感抗

$$X_L = \omega L = (20 \times 2) = 40.$$

电阻电压为

$$\dot{U}_R = R\dot{I} = 30 \times 2 \underline{/0°} = 60 \underline{/0°}.$$

电感电压为

$$\dot{U}_L = jX_L\dot{I} = (j40 \times 2 \underline{/0°}) = 80 \underline{/90°}.$$

则

$$u_R = 60\sqrt{2}\sin 20t,$$

$$u_L = 80\sqrt{2}\sin (20t + 90°),$$

$$\dot{U} = \dot{U}_R + \dot{U}_L = 60 \underline{/0°} + 80 \underline{/90°} = 60 + j80 = 100 \underline{/53.1°}.$$

第二章

三角函数及其应用

I 概　述

一、教学要求

知识点		教学要求		
		了解	理解	掌握
§2-1　诱导公式	$-\alpha$ 与 α 的三角函数关系		√	
	$\dfrac{\pi}{2}\pm\alpha$ 与 α 的三角函数关系			√
	$\dfrac{3\pi}{2}\pm\alpha$ 与 α 的三角函数关系	√		
§2-2　解直角三角形及其应用	求解直角三角形的基本方法			√
§2-3　两角和与差的三角函数	两角和与差的正弦、余弦与正切公式			√
	二倍角公式		√	
	万能公式	√		
§2-4　正弦型函数的应用	正弦型函数图像			√
	正弦型函数的应用		√	

二、教材分析与说明

　　三角函数在专业课和生产实践中应用广泛，它可以揭示一些应用公式的由来，确定加工中所需要的数量关系，还可以帮助我们对加工对象进行工艺分析，对零件的形状和位置尺寸进行分析及计算．因此，三角函数的应用是生产操作人员和其他工程技术人员应重点掌握的方法之一．

　　本章分为四节：

　　§2-1诱导公式．通过回顾 $-\alpha$ 与 α 的三角函数关系的推导过程，推导出 $\dfrac{\pi}{2}\pm\alpha$ 及 $\dfrac{3\pi}{2}\pm\alpha$ 的诱导公式，为专业课的相关计算做准备．

　　§2-2解直角三角形及其应用．电类专业很少涉及普通三角形的求解问题，本节教材仅对求解直角三角形的一般方法进行了复习归类.

§2-3 两角和与差的三角函数. 通过回顾两角和与差的三角函数公式, 推导出二倍角公式和万能公式.

§2-4 正弦型函数的应用. 通过回顾正弦型函数的"五点法"作图, 归纳出由正弦函数的图像经过振幅和周期的变换以及图像的平移得到正弦型函数图像的过程和方法, 并通过例题分析, 让学生熟悉由函数图像写出对应的函数表达式的方法.

本章重点:

诱导公式及二倍角公式的运用.

本章难点:

运用公式解决实际问题.

三、课时分配建议

章节内容	教学时数	
	基本课时	拓展课时
§2-1 诱导公式	2	
§2-2 解直角三角形及其应用	2	
§2-3 两角和与差的三角函数	2	
§2-4 正弦型函数的应用	4	
复习与小结	2	
合计	12	

Ⅱ 内容分析与教学建议

§2-1 诱导公式

本节根据专业课程的需要, 将诱导公式补充完整, 主要包括与 $-\alpha$, $\frac{\pi}{2}\pm\alpha$ 与 $\frac{3\pi}{2}\pm\alpha$ 相关的五组公式.

本节重点: $\frac{\pi}{2}\pm\alpha$ 与 α 的三角函数关系.

本节难点: 解决专业课中的实际应用问题, 即有关正弦函数与余弦函数的相互转换.

1. 公式一已在中级阶段学过, 这里的复习主要是帮助学生了解不同三角函数间转换的方法.

2. 通过单位圆及点 P 与点 P' 坐标间的关系, 并根据三角函数的定义导出公式二.

3. 公式三没有具体的推导, 教师应结合教材图 2-3 分析: 点 $P(x, y)$ 与点 $P''(y, x)$ 关于直线 $y=x$ 对称, 而点 $P''(y, x)$ 与点 $P'(-y, x)$ 关于 y 轴对称, 然后由定义得出公式.

4. 公式三至公式五及以前学过的诱导公式可让学生通过口诀"奇变偶不变，符号看象限"来记忆.

5. 教学时，为了使学生更好地掌握正弦型函数与余弦型函数间的转换，教师可结合专业课适当补充一些相关的例题，例如，将 $y=3\sin\left(\omega x+\dfrac{\pi}{3}\right)$ 转换成余弦型函数，将 $y=2\cos\left(\omega x-\dfrac{\pi}{4}\right)$ 转换成正弦型函数等.

§2-2 解直角三角形及其应用

本节内容主要包括解三角形的基本概念、直角三角形各边角元素之间的关系以及解直角三角形的应用.

本节重点：直角三角形边角关系和求解直角三角形的一般方法.

本节难点：选择合理的方法解决实际问题.

1. 本节内容在初中阶段已经学过，而且在中级阶段已将锐角三角函数扩展到了任意角的三角函数，可结合教材让学生对直角三角形的边角关系进行回顾.

2. 教材对解直角三角形的一般方法进行了列表归类，可让学生讨论并填写表中空格.

3. 教材的例 2 和例 4 是电工电子类专业课中解决通电导体（或线圈）在磁场中受力（或力偶矩）的问题. 通过这两个例题要让学生学会有关向量分解（或投影）的计算方法.

§2-3 两角和与差的三角函数

本节包括二倍角公式和万能公式两部分内容.

本节重点：二倍角公式的应用.

本节难点：解决实际应用问题.

1. 由于已经学过两角和与差的正弦公式、余弦公式，因此教材直接给出公式，且用提示的方式推导出两角和与差的正切公式. 在电工学中，常把 $a\sin x\pm b\cos x$（$a>0$，$b>0$）化为 $A\sin(x\pm\varphi)$ $\left(A>0,0<\varphi<\dfrac{\pi}{2}\right)$ 的过程叫作具有相同角频率的正弦交流电的叠加. 教材给出了转化过程，由

$$\begin{cases} A=\sqrt{a^2+b^2}, \\ \cos\varphi=\dfrac{a}{A}, \\ \sin\varphi=\dfrac{b}{A}, \end{cases}$$

确定唯一的 A 和 φ，从而把 $a\sin x\pm b\cos x$ 转化为 $A\sin(x\pm\varphi)$ 的形式. 通过实例，让学生掌握其转化过程.

2. 对于二倍角公式，可利用两角和的三角函数公式，令 $\alpha=\beta$，便能方便地获得. 在这里要强调：凡符合两倍关系的角，如 4α 与 2α、α 与 $\dfrac{\alpha}{2}$ 等，都满足二倍角公式.

3. 要注意所有的公式均可双向应用. 余弦二倍角公式的两个变形公式称为降幂扩角公式，可让学生做一般的了解.

4. 教材没有给出万能公式中其余两个公式的推导过程，如果课时允许，教师可在课上引导学生一起完成.

§2-4 正弦型函数的应用

本节内容主要包括正弦型函数图像和应用.

本节重点：正弦型函数的应用.

本节难点：根据函数图像写出相应的函数关系式，并能解决有关的实际问题.

1. 本节内容是电工电子类专业的重点，由于在本专业相应的基础课程或专业课中，经常会遇到有关正弦型函数图像的问题，因此要让学生熟练地掌握该部分内容.

2. 由于本节没有新的知识点，教材先将函数 $y=A\sin x$，$y=\sin(x+\varphi)$，$y=\sin \omega x$，$y=A\sin(\omega x+\varphi)$ 及 $y=A\sin(\omega x+\varphi)+k$ 的图像与正弦曲线 $y=\sin x$ 间的关系进行归纳，再通过例 1 来加深理解，让学生能真正领悟三角函数图像变换的方法.

3. 对于正弦型函数的图像，要让学生牢固地掌握利用"五点法"画出其草图的方法.

4. 根据正弦量的波形图写出其函数表达式，关键是要找出它的振幅、周期和起点坐标，然后求出相应的 A，ω，φ，即可方便地写出函数表达式.

Ⅲ 课后习题参考答案

§2-1 诱导公式

1. $\sin 110°=\sin 70°=\cos 20°=\sqrt{1-a^2}$

2. $\dfrac{3}{5}$

3. 1

4. (1) -0.5；(2) 1；(3) 0

5. $i_1+i_2=15\sin(\omega t+60°)$

6. 1

7. 原式 $=\dfrac{-2\cos \alpha+3\sin \alpha}{4\cos \alpha-\sin \alpha}=\dfrac{-2+3\tan \alpha}{4-\tan \alpha}=7.$

8. $\dfrac{\sin\left(\dfrac{\pi}{2}+\alpha\right)-\cos\left(\dfrac{3\pi}{2}-\alpha\right)}{\tan(2k\pi-\alpha)+\cot(-k\pi+\alpha)}=\dfrac{\cos \alpha+\sin \alpha}{-\tan \alpha+\cot \alpha}=\dfrac{\cos \alpha\,\sin \alpha}{\cos \alpha-\sin \alpha}.$

$\dfrac{\sin(4k\pi-\alpha)\sin\left(\dfrac{\pi}{2}-\alpha\right)}{\cos(5\pi+\alpha)-\cos\left(\dfrac{\pi}{2}+\alpha\right)}=\dfrac{-\sin \alpha\cos \alpha}{-\cos \alpha-(-\sin \alpha)}=\dfrac{\sin \alpha\,\cos \alpha}{\cos \alpha-\sin \alpha}.$

等式成立.

§2-2 解直角三角形及其应用

1. (1) 25，$16°15'37''$，$73°44'23''$；　　(2) 30，$28°4'21''$，$61°55'39''$；

(3) 4，30°，60°； (4) 39.80，30.26，37°15′；

(5) 5.10，10，30°41′； (6) 25.50，26.73，72°35′

2. $BC=2\,000\times\tan 60°\approx3\,464$ m，$AC=\dfrac{AB}{\cos 60°}=4\,000$ m.

3. 45 m，32.9 m

4. 大树在折断之前高为 36 m.

§2-3 两角和与差的三角函数

1. (1) $\sin\alpha$；(2) $\dfrac{1}{2}$；(3) $\sin\beta$；(4) $\dfrac{1}{2}$

2. (1) $\sin(\alpha+30°)$；(2) $2\sin(\alpha-30°)$

3. (1) $\sin 22.5°\cos 22.5°=\dfrac{1}{2}\times\sin 45°=\dfrac{\sqrt{2}}{4}$；

(2) $\sin^2\dfrac{\pi}{12}-\cos^2\dfrac{\pi}{12}=-\cos\left(2\times\dfrac{\pi}{12}\right)=-\dfrac{\sqrt{3}}{2}$；

(3) $1-2\sin^2 75°=\cos 150°=\cos(180°-30°)=-\cos 30°=-\dfrac{\sqrt{3}}{2}$

4. 当$\angle COB=45°$时，长方形截面的面积最大，为 $S_{\max}=R^2$

5. $p=ui=U\sin\omega t\times I\sin\omega t=\dfrac{UI}{2}(1-\cos 2\omega t)$

6. $-\dfrac{4}{5}$

7. (1) $\sqrt{3}$；(2) $\sqrt{3}$

8. 解： $3\sin\beta=\sin(2\alpha+\beta)\Rightarrow3\sin[(\alpha+\beta)-\alpha]=\sin[(\alpha+\beta)+\alpha]$，

$3\sin(\alpha+\beta)\cos\alpha-3\cos(\alpha+\beta)\sin\alpha=\sin(\alpha+\beta)\cos\alpha+\cos(\alpha+\beta)\sin\alpha$，

得到

$$2\sin(\alpha+\beta)\cos\alpha=4\cos(\alpha+\beta)\sin\alpha,$$

即

$$\tan(\alpha+\beta)=2\tan\alpha.$$

又因为 $\tan\alpha=1$，所以 $\tan(\alpha+\beta)=2$.

9. $2\sin^2\alpha-5\cos 2\alpha=2\sin^2\alpha-5(\cos^2\alpha-\sin^2\alpha)$

$$=\dfrac{7\sin^2\alpha-5\cos^2\alpha}{\sin^2\alpha+\cos^2\alpha}$$

$$=\dfrac{7\tan^2\alpha-5}{\tan^2\alpha+1}=\dfrac{29}{5}$$

10. $u=u_1+u_2=\left[10\sqrt{2}\sin(\omega t+60°)+10\sqrt{2}\sin(\omega t+30°)\right]$ V

$=\left[10\sqrt{2}(\sin\omega t\cos 60°+\cos\omega t\sin 60°)+10\sqrt{2}(\sin\omega t\cos 30°+\cos\omega t\sin 30°)\right]$ V

$=\left[\left(10\sqrt{2}\times\dfrac{1}{2}+10\sqrt{2}\times\dfrac{\sqrt{3}}{2}\right)\sin\omega t+\left(10\sqrt{2}\times\dfrac{\sqrt{3}}{2}+10\sqrt{2}\times\dfrac{1}{2}\right)\cos\omega t\right]$ V

$\approx27\sin(\omega t+45°)$ V

§2-4 正弦型函数的应用

1. (1) 函数简图如图 2-1 所示;

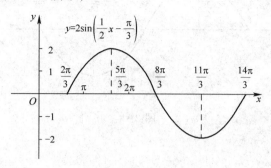

图 2-1

(2) 函数简图如图 2-2 所示;

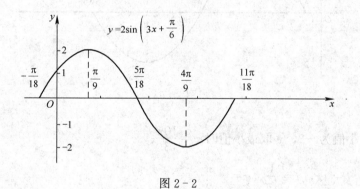

图 2-2

(3) 函数简图如图 2-3 所示;

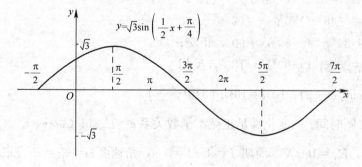

图 2-3

(4) 函数简图如图 2-4 所示.

2. 函数简图如图 2-5 所示.

(1) y 的最大值为 2, y 取最大值时 $x=\dfrac{4\pi}{3}$;

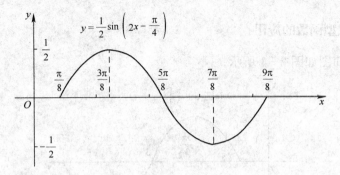

图 2 - 4

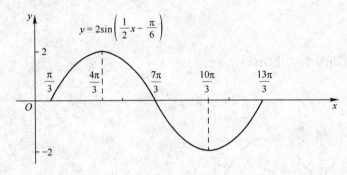

图 2 - 5

(2) y 的最小值为 -2，y 取最小值时 $x = \dfrac{10\pi}{3}$；

(3) $A = 2$，$T = 4\pi$，$f = \dfrac{1}{4\pi}$，$\varphi = -\dfrac{\pi}{6}$

3. $T \approx 1.6\ \mu s$，$\omega = 1.22 \times 10^6\pi\ \text{rad/s}$

4. (1) $\varphi_1 - \varphi_2 = 10° - (-100°) = 110°$；

(2) $\varphi_1 - \varphi_2 = (45° - 180°) - (270° - 360°) = -45°$；

(3) $\varphi_1 - \varphi_2 = 30° - (-60°) = 90°$，正交；

(4) $\varphi_1 - \varphi_2 = 90° - (-90°) = 180°$，反相

5. a) $i = I_m \sin(\omega t - \pi)$；b) $i = 10\sin\left(314t + \dfrac{\pi}{4}\right)$

6. 电动势 e 随时间 t 的变化满足正弦型函数关系 $e = E_m \sin(\omega t + \varphi)$.

由图像可知，$E_m = 100\ \text{V}$，周期 $T = 9 - 1 = 8\ \text{s}$，角速度 $\omega = \dfrac{2\pi}{T} = \dfrac{\pi}{4}\ \text{rad/s}$.

当 $t = 3$ 时，$e = -100$，得到 $\sin\left(\dfrac{3\pi}{4} + \varphi\right) = -1$，解得

$$\frac{3\pi}{4} + \varphi = 2k\pi + \frac{3\pi}{2},\ k \in \mathbf{Z}.$$

取 $k = 0$，得 $\varphi = \dfrac{3\pi}{4}$. 所以

$$e = E_{\mathrm{m}}\sin\ (\omega t + \varphi)\ = 100\sin\left(\frac{\pi}{4}t + \frac{3\pi}{4}\right)\ \mathrm{V}.$$

当 $t = 0$ 时，$e_0 = 100\sin\dfrac{3\pi}{4} = 50\sqrt{2} \approx 70.7\ \mathrm{V}.$

7. $I_{\mathrm{m}} = 1\ \mathrm{A}$；$\omega = 1\ 000\ \mathrm{rad/s}$；$f \approx 159\ \mathrm{Hz}$；$\varphi = 30°$；

当 $t = 1.05\ \mathrm{ms}$ 时，电流第一次出现最大值.

8. $i = 2\sin\left(314t + \dfrac{\pi}{6}\right)\ \mathrm{A}$（波形图略）.

9. 当 $t = 0.02\ \mathrm{s}$ 时，$i = 8.66\ \mathrm{A}$；当 $t = 0.01\ \mathrm{s}$ 时，$i = -8.66\ \mathrm{A}.$

Ⅳ　复习与小结

本章新的知识点并不多，主要在复习已学过知识的基础上加以完善，介绍了五组诱导公式、解直角三角形及其应用、两角和与差的三角函数以及正弦型函数图像及应用.

1. 诱导公式

公式一

$$\boxed{\begin{aligned}
&\sin(-\alpha) = -\sin\alpha \\
&\cos(-\alpha) = \cos\alpha \\
&\tan(-\alpha) = -\tan\alpha
\end{aligned}}$$

公式二

$$\boxed{\begin{aligned}
&\sin\left(\frac{\pi}{2}+\alpha\right) = \cos\alpha \\
&\cos\left(\frac{\pi}{2}+\alpha\right) = -\sin\alpha \\
&\tan\left(\frac{\pi}{2}+\alpha\right) = -\cot\alpha
\end{aligned}}$$

公式三

$$\boxed{\begin{aligned}
&\sin\left(\frac{\pi}{2}-\alpha\right) = \cos\alpha \\
&\cos\left(\frac{\pi}{2}-\alpha\right) = \sin\alpha \\
&\tan\left(\frac{\pi}{2}-\alpha\right) = \cot\alpha
\end{aligned}}$$

公式四

$$\boxed{\begin{aligned}
&\sin\left(\frac{3\pi}{2}-\alpha\right) = -\cos\alpha \\
&\cos\left(\frac{3\pi}{2}-\alpha\right) = -\sin\alpha \\
&\tan\left(\frac{3\pi}{2}-\alpha\right) = \cot\alpha
\end{aligned}}$$

公式五

$$\sin\left(\frac{3\pi}{2}+\alpha\right)=-\cos\alpha$$

$$\cos\left(\frac{3\pi}{2}+\alpha\right)=\sin\alpha$$

$$\tan\left(\frac{3\pi}{2}+\alpha\right)=-\cot\alpha$$

2. 解直角三角形及其应用

（1）直角三角形边、角之间的关系（图 2 - 6）

1）角与角关系——两锐角互为余角

$$\angle A+\angle B=90°.$$

2）边与边关系——勾股定理

$$a^2+b^2=c^2.$$

3）边与角关系——锐角三角函数

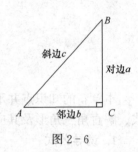

图 2 - 6

正弦：$\sin A=\dfrac{对边}{斜边}=\dfrac{a}{c}$；

余弦：$\cos A=\dfrac{邻边}{斜边}=\dfrac{b}{c}$；

正切：$\tan A=\dfrac{对边}{邻边}=\dfrac{a}{b}$.

（2）解直角三角形

在直角三角形中，除直角外，只要知道两个条件（其中至少有一个是边），就可利用边角之间的关系式求出其他未知的边和角．这种由直角三角形的已知边和角求出未知的边和角的过程叫作解直角三角形．

解直角三角形时，如果：

1）已知两边 $\begin{cases}求边——用勾股定理来解，\\ 求角——用锐角三角函数来解；\end{cases}$

2）已知一角一边 $\begin{cases}求边——用锐角三角函数来解，\\ 求角——用两锐角互为余角来解．\end{cases}$

3. 两角和与差的三角函数

（1）两角和与差的正弦、余弦与正切公式：

$$\sin(\alpha\pm\beta)=\sin\alpha\cos\beta\pm\cos\alpha\sin\beta,$$

$$\cos(\alpha\pm\beta)=\cos\alpha\cos\beta\mp\sin\alpha\sin\beta,$$

$$\tan(\alpha\pm\beta)=\frac{\tan\alpha\pm\tan\beta}{1\mp\tan\alpha\tan\beta}.$$

（2）二倍角公式

$$\sin 2\alpha=2\sin\alpha\cos\alpha,$$

$$\cos 2\alpha=\cos^2\alpha-\sin^2\alpha,$$

$$\tan 2\alpha=\frac{2\tan\alpha}{1-\tan^2\alpha};$$

降幂扩角公式

$$\cos^2 \alpha = \frac{1+\cos 2\alpha}{2},$$

$$\sin^2 \alpha = \frac{1-\cos 2\alpha}{2}.$$

（3）万能公式

$$\sin \alpha = \frac{2\tan \frac{\alpha}{2}}{1+\tan^2 \frac{\alpha}{2}}, \quad \cos \alpha = \frac{1-\tan^2 \frac{\alpha}{2}}{1+\tan^2 \frac{\alpha}{2}}, \quad \tan \alpha = \frac{2\tan \frac{\alpha}{2}}{1-\tan^2 \frac{\alpha}{2}}.$$

4. 正弦型函数的应用

函数 $y=A\sin x$，$y=\sin(x+\varphi)$，$y=\sin \omega x$，$y=A\sin(\omega x+\varphi)$ 及 $y=A\sin(\omega x+\varphi)+k$ 的图像与正弦曲线 $y=\sin x$ 间的关系可归纳如下：

（1）函数 $y=A\sin x$（$x\in \mathbf{R}$，$A>0$ 且 $A\neq 1$）的图像，可以看作把正弦曲线上所有点的纵坐标伸长（当 $A>1$ 时）或缩短（当 $0<A<1$ 时）到原来的 A 倍（横坐标不变）得到的.

（2）函数 $y=\sin(x+\varphi)$（$x\in \mathbf{R}$，$\varphi \neq 0$）的图像，可以看作把正弦曲线上所有的点向左（当 $\varphi>0$ 时）或向右（当 $\varphi<0$ 时）平行移动 $|\varphi|$ 个单位长度得到的.

（3）函数 $y=\sin \omega x$（$x\in \mathbf{R}$，$\omega>0$ 且 $\omega \neq 1$）的图像，可以看作把正弦曲线上所有点的横坐标缩短（当 $\omega>1$ 时）或伸长（当 $0<\omega<1$ 时）到原来的 $\frac{1}{\omega}$ 倍（纵坐标不变）得到的.

（4）函数 $y=A\sin(\omega x+\varphi)$（$x\in \mathbf{R}$，$A>0$，$\omega>0$）的图像，可以看作把正弦曲线分别经过振幅和周期的变换以及所有点的左右平移得到的.

（5）函数 $y=A\sin(\omega x+\varphi)+k$（$x\in \mathbf{R}$，$A>0$，$\omega>0$）的图像，可以看作把曲线 $y=A\sin(\omega x+\varphi)$ 上所有的点向上（当 $k>0$ 时）或向下（当 $k<0$ 时）平行移动 $|k|$ 个单位长度得到的.

在电工学中，频率 $f=\frac{1}{T}$（或周期 $T=\frac{2\pi}{\omega}$）、最大值（幅值）A 和初相位 φ 称为正弦量 $y=A\sin(\omega x+\varphi)$ 的三要素.

两个同频率正弦量的相位之差称为相位差. 例如，同频率的电压 u 和电流 i 的相位差为 $\varphi=(\omega t+\varphi_u)-(\omega t+\varphi_i)=\varphi_u-\varphi_i$.

Ⅴ 单元测验

一、选择题（每小题 3 分，共 15 分）

1. 已知 $\cos\left(\frac{\pi}{2}+\alpha\right)=-\frac{3}{5}$，且 α 是第二象限角，则 $\sin\left(\alpha-\frac{3\pi}{2}\right)$ 的结果是（　　）.

   A. $\frac{4}{5}$ 　　　　 B. $-\frac{4}{5}$ 　　　　 C. $\pm\frac{4}{5}$ 　　　　 D. $\frac{3}{5}$

2. 已知 $\sin\left(\alpha+\frac{\pi}{4}\right)=\frac{1}{3}$，则 $\cos\left(\frac{\pi}{4}-\alpha\right)$ 的值为（　　）.

A. $\dfrac{2\sqrt{2}}{3}$　　　B. $-\dfrac{2\sqrt{2}}{3}$　　　C. $\dfrac{1}{3}$　　　D. $-\dfrac{1}{3}$

3. 如测图 2-1 所示，已知正方形 $ABCD$ 的边长为 2，如果将线段 BD 绕着点 B 旋转后，点 D 落在 CB 的延长线上的 D' 处，那么 $\tan \angle BAD'$ 等于（　　）.

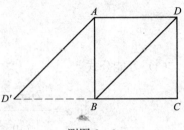

A. 1　　　　　　B. $\sqrt{2}$

C. $\dfrac{\sqrt{2}}{2}$　　　D. $2\sqrt{2}$

测图 2-1

4. 已知 $\sin \alpha = 2\cos \alpha$，则 $\sin^2 \alpha + 2\sin \alpha \cos \alpha$ 的值是（　　）.

A. $\dfrac{3}{2}$　　　B. $\dfrac{5}{4}$　　　C. $\dfrac{8}{5}$　　　D. $\dfrac{4}{5}$

5. 已知 $i_1 = 10\sin(314t + 90°)$ A，$i_2 = 10\sin(314t + 30°)$ A，则（　　）.

A. i_1 超前 i_2 $60°$　　B. i_1 滞后 i_2 $60°$　　C. 相位差无法判断

二、填空题（每小题 3 分，共 15 分）

1. 已知 $\sin\left(\alpha - \dfrac{\pi}{4}\right) = \dfrac{3}{5}$，则 $\cos\left(\alpha + \dfrac{\pi}{4}\right)$ 的值是＿＿＿＿＿＿＿＿.

2. 化简 $\dfrac{\sin\left(\dfrac{15\pi}{2} + \alpha\right)\cos\left(\alpha - \dfrac{\pi}{2}\right)}{\sin\left(\dfrac{9\pi}{2} - \alpha\right)\cos\left(\dfrac{3\pi}{2} + \alpha\right)}$ ＝＿＿＿＿＿＿＿＿＿＿.

3. 长为 4 m 的梯子搭在墙上与地面成 $45°$，作业时调整为 $60°$（测图 2-2），则梯子的顶端沿墙面升高了＿＿＿＿＿＿＿m.

4. 如测图 2-3 所示，小华同学在距离某建筑物 6 m 的点 A 处测得广告牌 B 点、C 点的仰角分别为 $52°$、$35°$，则广告牌的高度 BC 为＿＿＿＿＿＿m.（精确到 0.1 m）

5. 化简 $\sqrt{1 - \sin^2 440°}$ ＝＿＿＿＿＿＿＿＿.

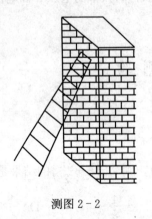

测图 2-2

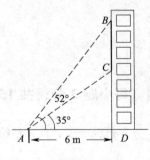

测图 2-3

三、计算题（共 70 分）

1. 求证：$\dfrac{\cos\alpha}{1-\sin\alpha}=\dfrac{1+\sin\alpha}{\cos\alpha}$.（6 分）

2. 已知 α 是锐角，且 $2\tan(\pi-\alpha)-3\cos\left(\dfrac{\pi}{2}+\beta\right)=-5$，$\tan(\pi+\alpha)+6\sin(\pi+\beta)=1$. 求 $\sin\alpha$ 的值.（6 分）

3. 已知 $\cos\alpha=\dfrac{2}{3}$，$\cos(\alpha+\beta)=-\dfrac{8}{17}$，$\alpha$，$\beta\in\left(0,\dfrac{\pi}{2}\right)$，求 $\cos\beta$ 的值.（6 分）

4. 已知 $\sin\alpha=\dfrac{4}{5}$，$\alpha\in\left(\dfrac{\pi}{2},\ \pi\right)$，$\cos\beta=-\dfrac{5}{13}$，$\beta\in\left(\pi,\ \dfrac{3\pi}{2}\right)$，求 $\cos(\alpha-\beta)$，$\sin(\alpha+\beta)$ 的值.（10 分）

5. 已知 α 是第三象限角，化简 $\sqrt{\dfrac{1+\sin\alpha}{1-\sin\alpha}}-\sqrt{\dfrac{1-\sin\alpha}{1+\sin\alpha}}$.（8 分）

6. 如测图 2-4 所示，某货船以 24 海里/时的速度将一批重要物资从 A 处运往正东方向的 M 处，在点 A 处测得某岛 C 在北偏东 60° 的方向上．该货船航行 30 min 后到达 B 处，此时再测得该岛在北偏东 30° 的方向上，已知在 C 岛周围 9 海里的区域内有暗礁，若继续向正东方向航行，该货船有无触礁危险？试说明理由．（10 分）

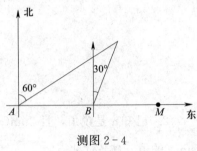

测图 2-4

7. 如测图 2-5 所示为一个按正弦规律变化的交流电流的波形图，试根据波形图指出它的周期、频率、角频率、初相、有效值，并写出它的解析式．（12 分）

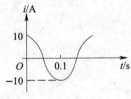

测图 2-5

8. 已知工频电源 $U = 220$ V，设在电压的瞬时值为 156 V 时开始作用于电路，试写出该电压的瞬时值表达式，并画出波形图．（12 分）

单元测验参考答案

一、选择题

1. B 2. C 3. A 4. C 5. A

二、填空题

1. $-\dfrac{3}{5}$

2. -1

3. $2(\sqrt{3}-\sqrt{2})$ m

4. 3.5 m

5. $\cos 80°$

三、计算题

1. 证明：左边 $=\dfrac{\cos\alpha(1+\sin\alpha)}{(1-\sin\alpha)(1+\sin\alpha)}=\dfrac{\cos\alpha(1+\sin\alpha)}{1-\sin^2\alpha}=\dfrac{\cos\alpha(1+\sin\alpha)}{\cos^2\alpha}$

  $=\dfrac{1+\sin\alpha}{\cos\alpha}=$ 右边

2. $\sin\alpha=\dfrac{3\sqrt{10}}{10}$

3. $\cos\beta=\dfrac{15\sqrt{5}-16}{51}$

4. $\cos(\alpha-\beta)=-\dfrac{33}{65}$，$\sin(\alpha+\beta)=\dfrac{16}{65}$

5. 原式 $=\dfrac{1+\sin\alpha}{-\cos\alpha}-\dfrac{1-\sin\alpha}{-\cos\alpha}=-2\tan\alpha$

6. 设岛 C 到货船航行方向的距离为 x 海里.

根据题意，得

$$\frac{x}{\tan 30°}-\frac{x}{\tan 60°}=12,$$

解得 $x=6\sqrt{3}$（海里）.

因为 $6\sqrt{3}>9$，所以货船继续向正东方向行驶无触礁危险.

7. 周期

$$T=0.2 \text{ s}.$$

最大值

$$I_{\mathrm{m}}=10 \text{ A}.$$

频率

$$f = \frac{1}{T} = \frac{1}{0.2} = 5 \text{ Hz}.$$

有效值

$$I = \frac{I_m}{\sqrt{2}} = \frac{10}{\sqrt{2}} = 5\sqrt{2} \text{ A}.$$

角频率

$$\omega = 2\pi f = 2 \times 3.14 \times 5 = 31.4 \text{ rad/s}.$$

初相

$$\varphi = 90°.$$

解析式

$$i = 10\sin(31.4t + 90°) \text{ A}.$$

8. 设该电压的瞬时值表达式 $u = U_m \sin(\omega t + \varphi)$ V. 工频电源 $f = 50$ Hz，所以

$$\omega = 2/\pi f = 2\pi \times 50 = 314 \text{ rad/s},$$

$$U = 220 \text{ V},$$

则 $U_m = 220\sqrt{2}$ V.

由题意得当 $t = 0$ 时，$156 = 220\sqrt{2}\sin(314t + \varphi)$，所以 $\varphi = 30°$. 电压的瞬时值表达式

$$u = 220\sqrt{2}\sin(314t + 30°) \text{ V}.$$

波形图如测图 2-6 所示.

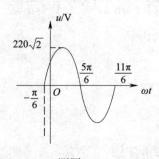

测图 2-6

Ⅵ 习题册习题参考答案

§2-1 诱导公式

1. $\dfrac{\pi}{2}$　2. -1　3. $-\sqrt{1-m^2}$　4. $\dfrac{\sqrt{3}}{3}$　5. $-\dfrac{\sqrt{3}}{3}$　6. $-a$　7. $-\dfrac{3}{4}$

8. (1) $-\dfrac{\sqrt{2}}{2}$；(2) $-\dfrac{\sqrt{3}}{2}$；(3) 0；(4) $-\dfrac{1}{2}$

9. $\dfrac{1}{27}$

10. $\cos\left(\dfrac{5\pi}{6}+\alpha\right)=-\cos\left(\dfrac{\pi}{6}-\alpha\right)=-\dfrac{\sqrt{3}}{3}$; $\sin^2\left(\alpha-\dfrac{\pi}{6}\right)=1-\cos^2\left(\dfrac{\pi}{6}-\alpha\right)=\dfrac{2}{3}$

11. (1) $\sin\left(\dfrac{3\pi}{2}-\alpha\right)=\sin\left[\pi+\left(\dfrac{\pi}{2}-\alpha\right)\right]=-\sin\left(\dfrac{\pi}{2}-\alpha\right)=-\cos\alpha$;

(2) $\cos\left(\dfrac{3\pi}{2}+\alpha\right)=\cos\left[\pi+\left(\dfrac{\pi}{2}+\alpha\right)\right]=-\cos\left(\dfrac{\pi}{2}+\alpha\right)=\sin\alpha$

12. (1) $\dfrac{3\sin\alpha+2\cos\alpha}{\sin\alpha-\cos\alpha}=\dfrac{3\tan\alpha+2}{\tan\alpha-1}=8$;

(2) $\dfrac{\cos(\pi-\alpha)\cos\left(\dfrac{\pi}{2}+\alpha\right)\sin\left(\alpha-\dfrac{3\pi}{2}\right)}{\sin(3\pi+\alpha)\sin(\alpha-\pi)\cos(\pi+\alpha)}=\dfrac{(-\cos\alpha)(-\sin\alpha)\cos\alpha}{(-\sin\alpha)(-\sin\alpha)(-\cos\alpha)}=-\dfrac{\cos\alpha}{\sin\alpha}=-\dfrac{1}{2}$

试一试

(1) $f(\alpha)=\dfrac{\sin\alpha\cos\alpha\sin\left(-\alpha+\dfrac{\pi}{2}+\pi\right)}{\cos\alpha\sin[-(\pi+\alpha)]}$

$=\dfrac{\sin\alpha\cos\alpha\left[-\sin\left(\dfrac{\pi}{2}-\alpha\right)\right]}{\cos\alpha[-\sin(\pi+\alpha)]}=\dfrac{\sin\alpha\cos\alpha(-\cos\alpha)}{\cos\alpha\sin\alpha}=-\cos\alpha$;

(2) 因为 $\sin\left(\alpha-\dfrac{3\pi}{2}\right)=-\sin\left(\dfrac{3\pi}{2}-\alpha\right)$

$=-\sin\left(\pi+\dfrac{\pi}{2}-\alpha\right)=\sin\left(\dfrac{\pi}{2}-\alpha\right)=\cos\alpha$,

所以 $f(\alpha)=-\cos\alpha=-\dfrac{1}{5}$;

(3) $f(-1\,860°)=-\cos(-1\,860°)$

$=-\cos(-6\times360°+270°+30°)=-\sin30°=-\dfrac{1}{2}$

§2-2 解直角三角形及其应用

1. (1) $c=10$，$A=53°7'48''$，$B=36°52'12''$；
(2) $a=9$，$A=36°52'12''$，$B=53°7'48''$；
(3) $a=10.72$，$b=16.88$，$B=57°35'$；
(4) $a=5.33$，$b=15.07$，$B=20°42'$；
(5) $a=27.38$，$b=34.63$，$A=52°15'$

2. (1) 在 Rt$\triangle ABD$ 中，有

$$BD=\dfrac{AD}{\tan B},$$

在 Rt$\triangle ADC$ 中，有

$$AC=\dfrac{AD}{\cos\angle DAC}=\dfrac{AD}{\tan B},$$

所以

$$AC=BD.$$

(2) $AD=8$

3. (1) $3\sqrt{3}-3$；(2) $9+9\sqrt{3}$

4. $DE=500\cos 55°\approx287$ m

5. 10 m

6. 9.66 m

7. 过 A 作 $AD\perp BC$，垂足为 D，则有
$$BC=BD+CD=40\sqrt{3}+120\sqrt{3}=160\sqrt{3}\text{ m}.$$

8. 从测角仪的 D 处作 DE 平行于 AB，交 BC 于点 E.

根据题意，可知
$$DE=AB=10\text{ m},\ BE=AD=1.5\text{ m},\ \angle CDE=52°.$$

在 Rt$\triangle DEC$ 中，$CE=DE\tan\angle CDE\approx12.8$ m，则 $BC=BE+CE\approx14.3$ m.

9. A 楼影子影响到 B 楼一楼采光，挡住 B 楼一楼窗户 0.68 m

10. 100 m

试一试

1. 河宽为 23.9 m

2. A、B 两个凉亭之间的距离为 50 m

3. 调整后的楼梯加长 0.48 m，楼梯多占地面长度为 0.61 m

§2-3 两角和与差的三角函数

1. B 2. D 3. D 4. C 5. B 6. D 7. C 8. B 9. C 10. D 11. A

12. B 13. C

14. 2

15. (1) $\dfrac{\sqrt{2}}{4}$；(2) 2；(3) $\dfrac{\sqrt{3}}{3}$

16. 0

17. 1

18. $\dfrac{59}{72}$

19. $\dfrac{1}{8}$

20. (1) $2\sin(\alpha+60°)$；(2) $\sqrt{2}\sin(\alpha-45°)$

21. (1) $\cos 2\alpha=\dfrac{1-\tan^2\alpha}{1+\tan^2\alpha}$；

(2) $\sin 3\alpha=3\sin\alpha-4\sin^3\alpha$

22. $-\dfrac{4}{3}$；$\dfrac{37}{125}$

23. $\dfrac{2}{5}$，1

24. $\dfrac{3\sqrt{13}}{13}$，$\dfrac{2\sqrt{13}}{13}$，$\dfrac{3}{2}$

25. 1

26. $\dfrac{7}{4}\pi$

27. $\sqrt{39}\sin(\omega t-16°17')$ A

28. $f(x)=2\sin(2x+30°)$

试一试

1. 由 $\tan 3A=\tan(2A+A)=\dfrac{\tan 2A+\tan A}{1-\tan 2A\tan A}$，得

$$\tan 3A\times(1-\tan 2A\tan A)=\tan 2A+\tan A,$$

整理，得

$$\tan 3A-\tan 2A-\tan A=\tan 3A\tan 2A\tan A.$$

2. 两式平方相加整理后得

$$2+2\sin\alpha\cos\beta+2\cos\alpha\sin\beta=\dfrac{1}{4}+\dfrac{9}{16}$$

$$2\sin(\alpha+\beta)=\dfrac{13}{16}-2$$

$$\sin(\alpha+\beta)=-\dfrac{19}{32}$$

3. $\sin(\alpha+\beta)=\sin\alpha\cos\beta+\cos\alpha\sin\beta=\dfrac{5\sqrt{2}}{8}$. ①

$\sin(\alpha-\beta)=\sin\alpha\cos\beta-\cos\alpha\sin\beta=\dfrac{\sqrt{2}}{4}$. ②

将①和②相加除以 2，得

$$\sin\alpha\cos\beta=\dfrac{7\sqrt{2}}{16}. \qquad ③$$

将①和②相减除以 2，得

$$\cos\alpha\sin\beta=\dfrac{3\sqrt{2}}{16}. \qquad ④$$

将③和④相除，得

$$\dfrac{\tan\alpha}{\tan\beta}=\dfrac{7}{3}.$$

§2-4 正弦型函数的应用

1. $\omega=2\pi f=2\times3.14\times50=314$ rad/s，$T=\dfrac{1}{f}=\dfrac{1}{50}=0.02$ s

2. 最大值 $I_m=220\sqrt{2}$ A，有效值 $I=220$ A；频率 $f=\dfrac{\omega}{2\pi}=\dfrac{314}{2\times3.14}=50$ Hz，周期 $T=\dfrac{1}{f}=0.02$ s；角频率 $\omega=314$ rad/s；初相位 $\varphi=-\dfrac{\pi}{3}$

3. $i=10\sin(\omega t+60°)=10\sin\left(2\pi ft+\dfrac{\pi}{3}\right)$

$=10\sin\left(2\pi\times50\times0.20+\dfrac{\pi}{3}\right)=10\sin\left(20\pi+\dfrac{\pi}{3}\right)=10\sin\dfrac{\pi}{3}=8.66$ A

4. $u=U_m\sin\left(\omega t+\dfrac{\pi}{6}\right)$，将已知数据代入得

$$250 = U_{m}\sin\frac{\pi}{6}, \quad U_{m} = \frac{250}{0.5} = 500 \text{ V}.$$

又因为 $500 = 500\sin\left(\omega \times \dfrac{1}{300} + \dfrac{\pi}{6}\right)$，即 $\sin\left(\omega \times \dfrac{1}{300} + \dfrac{\pi}{6}\right) = 1$.

所以 $\left(\omega \times \dfrac{1}{300} + \dfrac{\pi}{6}\right) = \dfrac{\pi}{2}$，得

$$\omega = \left(\frac{\pi}{2} - \frac{\pi}{6}\right) \times 300 = \frac{\pi}{3} \times 300 = 100\pi = 314 \text{ rad/s},$$

$$f = \frac{\omega}{2\pi} = \frac{314}{2\pi} = 50 \text{ Hz}, \quad T = \frac{1}{f} = \frac{1}{50} = 0.02 \text{ s}.$$

5. $f = \dfrac{\omega}{2\pi} = \dfrac{1\,570}{2\pi} = 250 \text{ Hz}$，$T = \dfrac{1}{f} = \dfrac{1}{250} = 0.004 \text{ s}$，$\varphi = -\dfrac{\pi}{4}$，$I = \dfrac{I_{m}}{\sqrt{2}} = \dfrac{1}{\sqrt{2}} \approx 0.7 \text{ A}.$

6. (1) $y = 2\sin\left(x - \dfrac{\pi}{3}\right)$

x	$\dfrac{\pi}{3}$	$\dfrac{5\pi}{6}$	$\dfrac{4\pi}{3}$	$\dfrac{11\pi}{6}$	$\dfrac{7\pi}{3}$
$x - \dfrac{\pi}{3}$	0	$\dfrac{\pi}{2}$	π	$\dfrac{3\pi}{2}$	2π
$2\sin\left(x - \dfrac{\pi}{3}\right)$	0	2	0	-2	0

函数简图如图 2-7 所示.

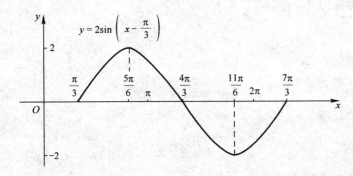

图 2-7

(2) $y = 2\sin\left(2x - \dfrac{\pi}{3}\right)$

x	$\dfrac{\pi}{6}$	$\dfrac{5\pi}{12}$	$\dfrac{2\pi}{3}$	$\dfrac{11\pi}{12}$	$\dfrac{7\pi}{6}$
$2x - \dfrac{\pi}{3}$	0	$\dfrac{\pi}{2}$	π	$\dfrac{3\pi}{2}$	2π
$2\sin\left(2x - \dfrac{\pi}{3}\right)$	0	2	0	-2	0

函数简图如图 2-8 所示.

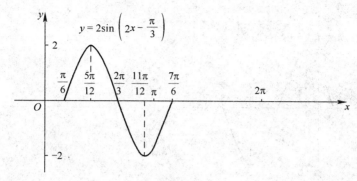

图 2-8

(3) $y=\dfrac{1}{2}\sin\left(x+\dfrac{\pi}{4}\right)$

x	$-\dfrac{\pi}{4}$	$\dfrac{\pi}{4}$	$\dfrac{3\pi}{4}$	$\dfrac{5\pi}{4}$	$\dfrac{7\pi}{4}$
$x+\dfrac{\pi}{4}$	0	$\dfrac{\pi}{2}$	π	$\dfrac{3\pi}{2}$	2π
$\dfrac{1}{2}\sin\left(x+\dfrac{\pi}{4}\right)$	0	$\dfrac{1}{2}$	0	$-\dfrac{1}{2}$	0

函数简图如图 2-9 所示.

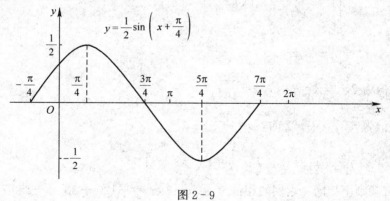

图 2-9

(4) $y=\dfrac{1}{2}\sin\left(2x+\dfrac{\pi}{4}\right)$

x	$-\dfrac{\pi}{8}$	$\dfrac{\pi}{8}$	$\dfrac{3\pi}{8}$	$\dfrac{5\pi}{8}$	$\dfrac{7\pi}{8}$
$2x+\dfrac{\pi}{4}$	0	$\dfrac{\pi}{2}$	π	$\dfrac{3\pi}{2}$	2π
$\dfrac{1}{2}\sin\left(2x+\dfrac{\pi}{4}\right)$	0	$\dfrac{1}{2}$	0	$-\dfrac{1}{2}$	0

函数简图如图 2-10 所示.

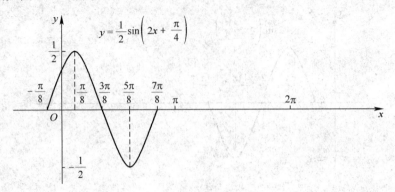

图 2-10

7. 一个周期内的简图如图 2-11 所示.

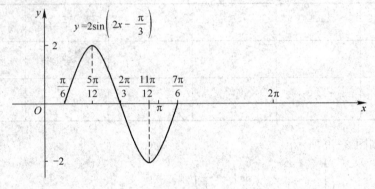

图 2-11

(1) 最大值为 2, 当 $y=2$ 时, $x=\dfrac{5\pi}{12}$;

(2) 最小值为 -2, $y=-2$ 时, $x=\dfrac{11\pi}{12}$;

(3) $A=2$, $f=\dfrac{\omega}{2\pi}=\dfrac{2}{2\pi}=\dfrac{1}{\pi}$, $T=\dfrac{1}{f}=\pi$, $\varphi=-\dfrac{\pi}{3}$

8. (1) 二者频率相同, 它们的相位差 $\varphi=\varphi_{i_1}-\varphi_{i_2}=-120°-30°=-150°$;

(2) 在相位上 i_2 超前 i_1, 波形图如图 2-12 所示.

9. 由 $A=3$, $T=\pi$, 得 $f=\dfrac{1}{T}=\dfrac{1}{\pi}$, $\omega=2\pi f=\dfrac{2\pi}{\pi}=2$, 则 $y=3\sin(2x+\varphi)$.

当 $x=\dfrac{\pi}{8}$ 时 $y=0$, $2\times\dfrac{\pi}{8}-\varphi=\dfrac{\pi}{2}$, $\varphi=\dfrac{\pi}{4}-\dfrac{\pi}{2}=-\dfrac{\pi}{4}$, 故 $y=3\sin\left(2x-\dfrac{\pi}{4}\right)$

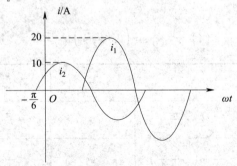

图 2-12

10. a) $T=1.75\times10^{-2}-(-0.25\times10^{-2})=0.02$ s，$f=\dfrac{1}{T}=50$ Hz，$A=30$ A，$\omega=\dfrac{2\pi}{T}=100\pi$.

因为起点$\left(-\dfrac{\varphi}{\omega},\ 0\right)$为$(-0.25\times10^{-2},\ 0)$，所以

$$-\dfrac{\varphi}{\omega}=-0.25\times10^{-2}，\ 即\ \varphi=0.25\times10^{-2}\times100\pi=\dfrac{\pi}{4}.$$

故 $i=30\sin\left(100\pi t+\dfrac{\pi}{4}\right).$

b) $A=10$ A，$T=0.02$ s，$f=\dfrac{1}{T}=50$ Hz，$\omega=\dfrac{2\pi}{T}=100\pi$.

因为起点$\left(-\dfrac{\varphi}{\omega},\ 0\right)$为$\left(-\dfrac{1}{6}\times10^{-2},\ 0\right)$，所以

$$-\dfrac{\varphi}{\omega}=-\dfrac{1}{6}\times10^{-2}，\ 即\ \varphi=\dfrac{1}{6}\times10^{-2}\times100\pi=\dfrac{\pi}{6}.$$

所以 $i=10\sin\left(100\pi t+\dfrac{\pi}{6}\right)$

11. $A=20$ V，$T=0.02$ s，$f=\dfrac{1}{T}=50$ Hz，$\varphi=\dfrac{\pi}{6}$，所以

$$u=20\sin\left(314t+\dfrac{\pi}{6}\right)$$

12. 有效值 $U_{ab}=\dfrac{1}{\sqrt{2}}U_{abm}=\dfrac{1}{\sqrt{2}}\times311=220$ V；

瞬时值表达式为 $u_{ab}=311\sin(314t-60°)$ V ；
当 $t=0.0025$ s 时

$$u_{ab}=311\times\sin\left(100\pi\times0.0025-\dfrac{\pi}{3}\right)=311\sin\left(-\dfrac{\pi}{12}\right)=-80.5\ \text{V}.$$

13. 设正弦电压的瞬时值表达式为

$$u=U_m\sin(\omega t+\varphi).$$

由 $5=U_m\sin\dfrac{\pi}{6}$，得

$$U_m=10\ \text{V}，有效值为\ U=7.07\ \text{V}.$$

又

$$\omega=2\pi f=2\pi\times\dfrac{1}{10\times10^{-3}}=628\ \text{rad/s},$$

$$\varphi=\pi,$$

电压的瞬时值表达式

$$u=10\sin(628t+\pi).$$

14.（1）$i=6\sqrt{2}\sin(314t-30°)$ A；$u=48\sqrt{2}\sin(314t+45°)$ V

（2）波形图如图 2-13 所示；

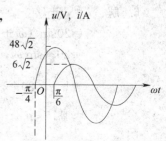

图 2-13

（3）幅值 $U_m=48\sqrt{2}$ V，$I_m=6\sqrt{2}$ A，角频率 ω 均为
314 rad/s，相位差 $\varphi=\varphi_u-\varphi_i=75°$

15. $\varphi_i = \dfrac{\pi}{6}$，$\varphi_u = \dfrac{\pi}{4}$，$\varphi_i - \varphi_u = \dfrac{\pi}{6} - \dfrac{\pi}{4} = -\dfrac{\pi}{12}$；$u$ 比 i 超前 $\dfrac{\pi}{12}$，i 比 u 滞后 $\dfrac{\pi}{12}$.

试一试

1. $i = 100\sin 314t$ mA，$T = 0.02$ s.

(1) $\alpha = 30°$ 时 $i = 50$ mA，$\dfrac{30°}{360°} = \dfrac{t_1}{T}$，则 $t_1 = \dfrac{1}{600}$ s；

(2) $\alpha = 90°$ 时 $i = 100$ mA；$\dfrac{90°}{360°} = \dfrac{t_2}{T}$，则 $t_2 = \dfrac{1}{200}$ s

2. 三相交流电的波形如图 2-14 所示.

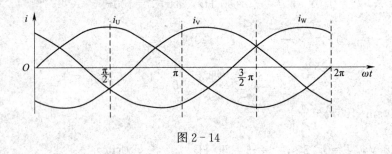

图 2-14

复习题参考答案

1. A

2. (1) $\cos\left(\dfrac{3\pi}{2} - x\right) = -\sin x = -\dfrac{3}{5}$；

(2) $\sin\left(\dfrac{\pi}{2} + x\right) = \cos x = \dfrac{4}{5}$

3. (1) $\dfrac{1}{2}$；(2) $-\dfrac{\sqrt{2}}{2}$；(3) $-\dfrac{\sqrt{3}}{2}$；(4) $-\dfrac{\sqrt{2}}{2}$；(5) $-\sqrt{3}$

4. $AB \approx 19.12$ m

5. $\sin x - \cos x = \sqrt{2}\sin\left(x - \dfrac{\pi}{4}\right)$

6. **解**：$i = i_1 + i_2$

$= 20\sin(\omega t + 60°) + 10\sin(\omega t - 30°)$

$= 20(\sin\omega t\cos 60° + \cos\omega t\sin 60°) + 10(\sin\omega t\cos 30° - \cos\omega t\sin 30°)$

$= \left(\dfrac{1}{2} \times 20 + \dfrac{\sqrt{3}}{2} \times 10\right)\sin\omega t + \left(\dfrac{\sqrt{3}}{2} \times 20 - \dfrac{1}{2} \times 10\right)\cos\omega t$

$\approx 18.7\sin\omega t + 12.3\cos\omega t$ A.

因为

$$\sqrt{18.7^2 + 12.3^2} \approx 22.4,$$

且有

$$\begin{cases} \cos\varphi=\dfrac{18.7}{22.4}\approx0.834\ 8, \\ \sin\varphi=\dfrac{12.3}{22.4}\approx0.549\ 1, \end{cases}$$

得

$$\varphi\approx33.3°.$$

于是

$$i=i_1+i_2$$
$$=22.4\sin(\omega t+33.3°)\ \text{A}.$$

7. (1) $\dfrac{1}{2}$；(2) $\dfrac{\sqrt{2}}{2}$；(3) $-\dfrac{\sqrt{2}}{2}$

8. **解**：电流 i 的最大值为

$$I_m=30\ \text{A}.$$

周期为

$$T=\frac{2\pi}{100\pi}=0.02\ \text{s}.$$

频率为

$$f=\frac{1}{T}=\frac{1}{0.02}=50\ \text{Hz}.$$

初相为

$$\varphi=-\frac{\pi}{4}.$$

9. **解**：$u_2=-3\sin(314t+30°)$
$$=3\sin(314t+30°-180°)$$
$$=3\sin(314t-150°),$$
$$\varphi=\varphi_1-\varphi_2=-30°-(-150°)=120°.$$
表明 u_1 比 u_2 超前 $120°$ 或 u_2 比 u_1 滞后 $120°$.

10. 周期 $T=0.2\ \text{s}$，频率 $f=\dfrac{1}{T}=\dfrac{1}{0.2}=5\ \text{Hz}$，角速度 $\omega=2\pi f=2\pi\times5=10\pi\ \text{rad/s}$，初相位 $\varphi=\dfrac{\pi}{2}$.

解析式为 $i=10\sin\left(10\pi t+\dfrac{\pi}{2}\right)=10\cos10\pi t\ \text{A}.$

第三章

逻辑代数的应用

I 概　述

一、教学要求

知识点		教学要求		
		了解	理解	掌握
§3-1　数制与码制	数制及有关概念		√	
	各种数制的转换			√
	码制	√		
§3-2　逻辑函数及其表示法	基本逻辑函数及运算			√
	几种复合逻辑运算		√	
	逻辑函数及其表示法			√
§3-3　逻辑代数的公式化简	逻辑代数的公式			√
	逻辑代数的基本定律		√	
	逻辑代数的公式化简法			√

二、教材分析与说明

　　逻辑代数是按一定的逻辑规律进行运算的代数，是分析和设计数字电路的数学工具．逻辑代数表示的不是数量大小之间的关系，而是一种逻辑关系，即研究的是客观事物之间的因果关系，或者说条件、原因与结果之间的关系，其与普通代数的区别如下表所示：

	变量的含义和取值不同	基本运算不同
普通代数	取值是任意的，值表示数量的大小	加、减、乘、除等
逻辑代数	只有 0，1 两种取值，0 和 1 并不表示数量的大小，而是表示两种对立的逻辑状态	与、或、非

　　本章将在回顾十进制数的基础上，讨论数的二进制、八进制和十六进制，学习逻辑代数的基本运算，增加知识面的同时保证知识结构的系统性，以便于更好地为专业基础课服务．

　　本章分为三节：

　　§3-1 数制与码制．在复习十进制及计算机基础中所学的二进制的基础上，进一步介绍了八进制与十六进制，以及各进制数之间的相互转换.

§3-2 逻辑函数及其表示法. 在讨论"与""或""非"三种基本逻辑运算的基础上，介绍了五种常用的复合逻辑运算，并讨论了用波形图来表示逻辑函数的方法.

§3-3 逻辑代数的公式化简. 介绍了逻辑代数的公式和基本定理，通过实例分析，加强对公式化简方法的理解和掌握，以便于更好地服务于专业课.

本章重点：

1. 各进制数之间的互相转换.

2. 逻辑代数的公式化简法.

本章难点：

逻辑代数的公式化简法.

三、课时分配建议

章节内容	教学时数	
	基本课时	拓展课时
§3-1　数制与码制	2	
§3-2　逻辑函数及其表示法	2	
§3-3　逻辑代数的公式化简	4	
机动	4	
复习与小结	4	
合计	16	

Ⅱ　内容分析与教学建议

§3-1　数制与码制

本节包括数制与码制两部分内容.

本节重点：各进位制数的表示及相互间的转换.

本节难点：不同进位制数之间的互相转换.

1. 本节有关二进制数与十进制数的内容在中级阶段计算机基础中已经学习到，因此重点应在学习八进制数与十六进制数.

2. 几种常用的数制见下表：

	十进制	二进制	八进制	十六进制
数码符号	0~9	0, 1	0~7	0~9, A~F
基数	10	2	8	16
规则	逢十进一	逢二进一	逢八进一	逢十六进一

	十进制	二进制	八进制	十六进制
表示形式	$(D)_{10}=D_n\times10^{n-1}+\cdots$ $+D_1\times10^0+D_{-1}\times$ $10^{-1}+\cdots+D_{-m}\times10^{-m}$	$(B)_2=B_n\times2^{n-1}+\cdots$ $+B_1\times2^0+B_{-1}\times$ $2^{-1}+\cdots+B_{-m}\times2^{-m}$	$(S)_8=S_n\times8^{n-1}+\cdots$ $+S_1\times8^0+S_{-1}\times$ $8^{-1}+\cdots+S_{-m}\times8^{-m}$	$(H)_{16}=H_n\times16^{n-1}+\cdots$ $+H_1\times16^0+H_{-1}\times$ $16^{-1}+\cdots+H_{-m}\times16^{-m}$
位权数	$10^{n-1},\cdots,10^1,10^0,$ $10^{-1},\cdots,10^{-m}$	$2^{n-1},\cdots,2^1,2^0,$ $2^{-1},\cdots,2^{-m}$	$8^{n-1},\cdots,8^1,8^0,$ $8^{-1},\cdots,8^{-m}$	$16^{n-1},\cdots,16^1,16^0,$ $16^{-1},\cdots,16^{-m}$

3. 在将十进制数转化为任意进制数时，需要对整数部分和小数部分分别进行转化，方法如下：

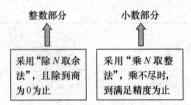

注：N 为要转换的进制基数

4. 几种常见的 BCD 码见下表：

十进制数	8421 码	余 3 码	2421 码	5211 码	余 3 循环码
0	0000	0011	0000	0000	0010
1	0001	0100	0001	0001	0110
2	0010	0101	0010	0100	0111
3	0011	0110	0011	0101	0101
4	0100	0111	0100	0111	0100
5	0101	1000	1011	1000	1100
6	0110	1001	1100	1001	1101
7	0111	1010	1101	1100	1111
8	1000	1011	1110	1101	1110
9	1001	1100	1111	1111	1010
权	8421		2421	5211	

§3-2 逻辑函数及其表示法

本节包括三部分内容：基本逻辑函数及运算、几种复合逻辑运算、逻辑函数及其表示法.

本节重点：逻辑函数的表示方法及公式化简.

本节难点：逻辑函数的公式化简.

1. 对于三种基本逻辑运算，教材采用表格的形式进行了归类，以帮助学生理解并掌握.

逻辑关系	与	或	非
定义	决定事件结果的全部条件同时具备时，结果才发生	决定事件结果的条件中只要有一个具备，结果会发生	条件具备，结果不发生；条件不具备，结果发生
典型电路			
逻辑关系	$Y=AB$	$Y=A+B$	$Y=\overline{A}$
真值表	$\begin{array}{cc\|c} A & B & Y \\ 0 & 0 & 0 \\ 0 & 1 & 0 \\ 1 & 0 & 0 \\ 1 & 1 & 1 \end{array}$ 有0出0 全1出1	$\begin{array}{cc\|c} A & B & Y \\ 0 & 0 & 0 \\ 0 & 1 & 1 \\ 1 & 0 & 1 \\ 1 & 1 & 1 \end{array}$ 有1出1 全0出0	$\begin{array}{c\|c} A & Y \\ 0 & 1 \\ 1 & 0 \end{array}$
逻辑符号			

2. 各种复合逻辑运算都是由上述三种基本逻辑运算组合实现的，因此，在掌握三种基本逻辑运算的基础上，学生应当不难理解复合逻辑运算.

函数	与非	或非	与或非	异或	同或
函数表达式	$Z=\overline{AB}$	$Z=\overline{A+B}$	$Z=\overline{AB+CD}$	$Z=\overline{A}B+A\overline{B}=A\oplus B$	$Z=\overline{A}\,\overline{B}+AB=A\odot B$
真值表	$\begin{array}{cc\|c} A & B & Z \\ 0 & 0 & 1 \\ 0 & 1 & 1 \\ 1 & 0 & 1 \\ 1 & 1 & 0 \end{array}$ 有0出1 全1出0	$\begin{array}{cc\|c} A & B & Z \\ 0 & 0 & 1 \\ 0 & 1 & 0 \\ 1 & 0 & 0 \\ 1 & 1 & 0 \end{array}$ 有1出0 全0出1	$\begin{array}{cccc\|c} A & B & C & D & Z \\ 0 & 0 & 0 & 0 & 1 \\ \vdots & & & \vdots & \vdots \\ 1 & 1 & 1 & 1 & 0 \end{array}$	$\begin{array}{cc\|c} A & B & Z \\ 0 & 0 & 0 \\ 0 & 1 & 1 \\ 1 & 0 & 1 \\ 1 & 1 & 0 \end{array}$ 不同出1 相同出0	$\begin{array}{cc\|c} A & B & Z \\ 0 & 0 & 1 \\ 0 & 1 & 0 \\ 1 & 0 & 0 \\ 1 & 1 & 1 \end{array}$ 不同出0 相同出1
逻辑电路	与非门	或非门	与或非门	异或门	同或门
逻辑符号					

复合逻辑函数应结合其逻辑图形符号与逻辑函数的真值表进行分析."异或"与"同或"逻辑函数表达式可写成 $Y=A\oplus B$ 与 $Y=A\odot B$，也可写成 $Y=\overline{A}B+A\overline{B}$ 与 $Y=AB+\overline{A}\,\overline{B}$ 的形

式，但在化简逻辑函数时一定要写成后面的形式.

3. 逻辑函数的表示方法除了逻辑函数表达式、真值表与逻辑图外，本教材还介绍了波形图. 要让学生掌握各种表示方法之间的联系，并能熟练地进行逻辑函数各种表示方法间的相互转换.

根据逻辑图写出逻辑函数表达式，只需从输入端到输出端逐级写出每个图形符号对应的逻辑关系式，即可得到该逻辑函数表达式. 教材中例 4 写出的逻辑函数表达式比较烦琐，下一节将对其进行化简.

§3-3 逻辑代数的公式化简

本节包括逻辑代数的公式和基本定律、公式化简法两部分内容.

本节重点：逻辑代数的基本定律及有关公式.

本节难点：逻辑代数的公式化简法.

在进行逻辑运算时，同一逻辑函数可以写成不同的逻辑式，因此，有时这些逻辑式的繁简程度相差甚远. 逻辑式越简单，它所表示的逻辑关系越明显，同时也有利于用最少的电子器件实现这个逻辑函数. 所以，经常需要通过化简的手段找出逻辑函数的最简形式.

1. 逻辑函数表达式的形式一般有"与或"表达式、"或与"表达式、"与非—与非"表达式、"或非—或非"表达式、"与或非"表达式五种，通常情况下采用"与或"表达式.

所谓"与或"即"积之和"，是指一个函数表达式中包含着若干个"积"项，每个"积"项中可有一个或多个以原变量或反变量形式出现的字母，所有这些"积"项的"和"就表示一个函数. 例如，B，AB，ABC 均为"积"项，用这三个"积"项就可以构成一个三变量函数的"积之和"表达式——$F = B + AB + ABC$，这样的表达式称为"与或"表达式.

在"与或"逻辑函数式中，若其中包含的乘积项已经最少，而且每个乘积项里的因子也不能再减少时，则称此逻辑函数式为最简形式. 化简逻辑函数的目的就是要消去多余的乘积项和每个乘积项中多余的因子，以得到逻辑函数式的最简形式. 例如，有两个逻辑函数 $F = ABC + \overline{B}C + ACD$ 与 $F = AC + \overline{B}C$，分别列出这两个逻辑函数的真值表后可以看到，它们是同一个逻辑函数. 显然，后式比前式简单得多.

2. 代数化简法的原理是反复使用逻辑代数的基本公式和定律，消去函数式中多余的乘积项和多余的因子，以求得函数式的最简形式. 例如：

$$F = ABC + \overline{B}C + ACD = ABC + \overline{B}C(1 + A) + ACD$$
$$= ABC + A\overline{B}C + \overline{B}C + ACD$$
$$= AC(B + \overline{B}) + \overline{B}C + ACD$$
$$= AC + ACD + \overline{B}C$$
$$= AC + \overline{B}C.$$

教材中主要讨论了将逻辑函数表达式化成最简"与或"逻辑函数式，但经化简后得到的最简"与或"表达式有时不是唯一的. 有了最简"与或"式以后，再通过公式变换就可以得到其他类型的函数式.

代数化简法没有固定的步骤，现将经常使用的方法归纳描述如下：

（1）吸收法．利用公式 $A+AB=A$ 可将 AB 项消去．其中，A 和 B 可以是任何复杂的逻辑式．例如：

$$F_1=(\overline{\overline{A}B}+C)ABD+AD$$
$$=[(\overline{\overline{A}B}+C)B]AD+AD=AD,$$
$$F_2=AB+AB\overline{C}+ABD+AB(\overline{C}+\overline{D})$$
$$=AB+AB[\overline{C}+D+(\overline{C}+\overline{D})]=AB.$$

（2）并项法一．利用公式 $AB+A\overline{B}=A$ 可以将两项合并为一项，消去 B 和 $\overline{B}$ 这一对因子．根据公式可知，A 和 B 也都可以是任何复杂的逻辑式．例如：

$$F_1=A\,\overline{BCD}+A\,\overline{B}CD=A(\overline{BCD}+\overline{B}CD)=A,$$
$$F_2=A\overline{B}+ACD+\overline{A}\,\overline{B}+\overline{A}CD=A(\overline{B}+CD)+\overline{A}(\overline{B}+CD)=\overline{B}+CD.$$

（3）并项法二．根据公式 $AB+\overline{A}C+BC=AB+\overline{A}C$ 可将 BC 项消去．其中 A，B，C 都可以是任何复杂的逻辑式．例如：

$$F_1=AC+A\overline{B}+\overline{B+C}=AC+A\overline{B}+\overline{B}\,\overline{C}=AC+\overline{B}\,\overline{C},$$
$$F_2=A\,\overline{B}C\overline{D}+\overline{A}\,\overline{B}E+C\overline{D}E=(A\overline{B})C\overline{D}+(\overline{A}\,\overline{B})E+C\overline{D}E=A\,\overline{B}C\overline{D}+\overline{A}\,\overline{B}E.$$

（4）消因子法．根据公式 $A+AB=A+B$ 可将 $\overline{A}B$ 中的因子 $\overline{A}$ 消去，B 可以是任何复杂的逻辑式．例如：

$$F_1=\overline{B}+ABC=\overline{B}+AC,$$
$$F_2=A\overline{B}+B+\overline{A}B=A+B+\overline{A}B=A+B.$$

（5）配项法．根据 $A+A=A$ 可以在逻辑函数式中重复写入某一项，有时能获得更加简单的化简结果；也可利用公式 $A+\overline{A}=1$ 在函数式中的某一项上乘以 $(A+\overline{A})$，然后将其拆成两项并分别与其他项合并，同样能得到更简单的化简结果．例如：

$$F=A\overline{B}+\overline{A}B+B\overline{C}+\overline{B}C$$
$$=A\overline{B}+\overline{A}B(C+\overline{C})+B\overline{C}+(A+\overline{A})\overline{B}C=A\overline{B}+\overline{A}BC+\overline{A}B\,\overline{C}+B\overline{C}+A\overline{B}C+\overline{A}\,\overline{B}C$$
$$=(A\overline{B}+A\overline{B}C)+(B\overline{C}+\overline{A}B\,\overline{C})+(\overline{A}BC+\overline{A}\,\overline{B}C)=A\overline{B}+B\overline{C}+\overline{A}C.$$

Ⅲ　课后习题参考答案

§3-1　数制与码制

1. （1）$(10110101010)_2=1\times2^{10}+1\times2^8+1\times2^7+1\times2^5+1\times2^3+1\times2^1=(1450)_{10}$；

（2）$(1011010.110)_2=1\times2^6+1\times2^4+1\times2^3+1\times2^1+1\times2^{-1}+1\times2^{-2}=(90.75)_{10}$；

（3）$(452)_8=4\times8^2+5\times8^1+2\times8^0=(298)_{10}$；

（4）$(163.23)_8=1\times8^2+6\times8^1+3\times8^0+2\times8^{-1}+3\times8^{-2}=(115.296875)_{10}$；

（5）$(45CE)_{16}=4\times16^3+5\times16^2+12\times16^1+14\times16^0=(17870)_{10}$；

（6）$(7F.45)_{16}=7\times16^1+15\times16^0+4\times16^{-1}+5\times16^{-2}=(127.26953125)_{10}$

2. $(367)_{10}=(101101111)_2$；

$(367)_{10}=(557)_8$；

$(367)_{10}=(101101111)_2=(16F)_{16}$

3. $(1010001.0111)_2=(121.34)_8$；

$(1010001.0111)_2=(51.7)_{16}$

4. $(721.62)_8=(111010001.11001)_2$

5. $(F5A.6)_{16}=(111101011010.011)_2$

6. $(125)_{10}=(000100100101)_{8421BCD}$

7. (1) 83；(2) 617；(3) 8609

8. B

9. A

10. 从左往右对应：A，C，F，H，J，K，M灯灭；B，D，E，G，I，L灯亮

11. 本周周一. 周六未到岗，本周其他时间正常上班

12. 甲的成绩转换为十进制为98分，乙的成绩转换为十进制为96分，因此甲的成绩较好

§3-2 逻辑函数及其表示法

1. (1) 与逻辑. 甲：A，乙：B；0 为不上网，1 为上网.

A	B	Y
0	0	0
0	1	0
1	0	0
1	1	1

(2) 或逻辑. 书记：A，院长：B；0 为不参加会议，1 为参加会议.

A	B	Y
0	0	0
0	1	1
1	0	1
1	1	1

(3) 非逻辑. 小张：A，我：B；1 为去游泳，0 为不去.

A	B
1	0
0	1

2. (1) 异或逻辑

A	B	Y
0	0	0
0	1	1
1	0	1
1	1	0

(2) 同或逻辑

A	B	Y
0	0	1
0	1	0
1	0	0
1	1	1

3. 与非逻辑图形符号（图3-1）：

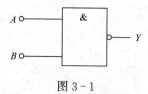

图3-1

与非真值表：

A	B	Y
0	0	1
0	1	1
1	0	1
1	1	0

或非逻辑图形符号（图3-2）：

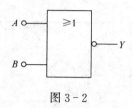

图3-2

或非真值表：

A	B	Y
0	0	1
0	1	0
1	0	0
1	1	0

与或非逻辑图形符号（图3-3）：

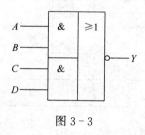

图3-3

与或非真值表：

A	B	C	D	Y
0	0	0	0	1
0	0	0	1	1
0	0	1	0	1
0	0	1	1	0
0	1	0	0	1
0	1	0	1	1
0	1	1	0	1
0	1	1	1	0
1	0	0	0	1
1	0	0	1	1
1	0	1	0	1
1	0	1	1	0
1	1	0	0	0
1	1	0	1	0
1	1	1	0	0
1	1	1	1	0

4. 异或逻辑图形符号（图3-4）：

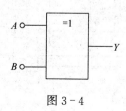

图3-4

异或真值表：

A	B	Y
0	0	0
0	1	1
1	0	1
1	1	0

同或逻辑图形符号（图 3-5）：

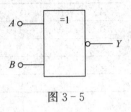

图 3-5

同或真值表：

A	B	Y
0	0	1
0	1	0
1	0	0
1	1	1

5. 真值表见下表：

A	B	C	$\overline{A}$	$\overline{B}$	$\overline{A}\,\overline{B}$	AC	Y
0	0	0	1	1	1	0	1
0	0	1	1	1	1	0	1
0	1	0	1	0	0	0	0
0	1	1	1	0	0	0	0
1	0	0	0	1	0	0	0
1	0	1	0	1	0	1	1
1	1	0	0	0	0	0	0
1	1	1	0	0	0	1	1

逻辑函数表达式：$Y=\overline{A}\,\overline{B}\,\overline{C}+\overline{A}\,\overline{B}C+A\overline{B}C+ABC=\overline{A}\,\overline{B}+AC$

逻辑图如图 3-6 所示

6. 逻辑函数表达式：$Y=\overline{A}\,\overline{B}C+\overline{A}B\,\overline{C}+AB\,\overline{C}$

   逻辑图如图 3-7 所示

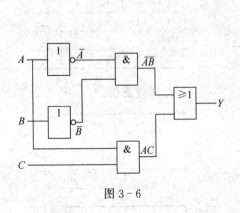

图 3-6

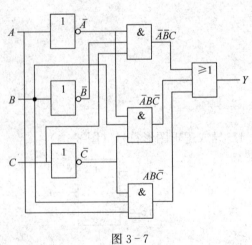

图 3-7

7. 波形图如图 3-8 所示

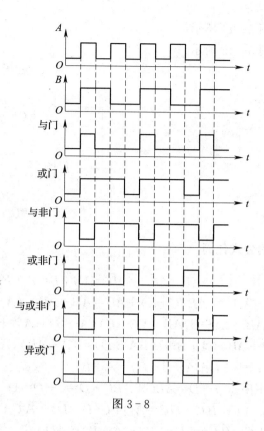

图 3-8

8. $a) Y = \overline{\overline{\overline{AB} \cdot \overline{A} \, \overline{B}}} = A \oplus B$；$b) Y = \overline{\overline{AC} \cdot \overline{BC}} = AC + BC$

9. 真值表见下表：

A	B	C	L
0	0	0	1
0	0	1	1
0	1	0	1
0	1	1	1
1	0	0	0
1	0	1	1
1	1	0	1
1	1	1	1

10.（1）逻辑电路图如图 3-9 所示.

（2）逻辑电路图如图 3-10 所示.

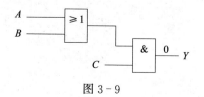

图 3-9

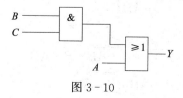

图 3-10

（3）逻辑电路图如图 3-11 所示.

（4）逻辑电路图如图 3-12 所示.

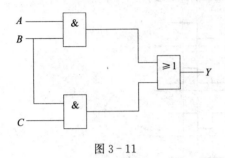

图 3-11

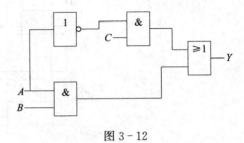

图 3-12

§3-3 逻辑代数的公式化简

1. （1）$Y=AB+\overline{A}\,\overline{B}+A\overline{B}=AB+(\overline{A}+A)\overline{B}=AB+\overline{B}=A+\overline{B}$；

（2）$Y=ABC+\overline{A}B+AB\overline{C}=AB(C+\overline{C})+\overline{A}B=AB+\overline{A}B=(A+\overline{A})B=B$；

（3）$Y=\overline{(A+B)}+AB=(A+B)\overline{AB}=(A+B)(\overline{A}+\overline{B})=A\overline{B}+\overline{A}B$；

（4）$Y=(AB+A\overline{B}+\overline{A}B)(A+B+D+\overline{A}\,\overline{B}\,\overline{D})=(A+\overline{A}B)(A+B+D+\overline{A}\,\overline{B}\,\overline{D})$
$\quad=(A+B)(A+B+D+\overline{A}+\overline{B}+\overline{D})=A+B$；

（5）$Y=ABC+(\overline{A}+\overline{B}+\overline{C})+D=ABC+\overline{ABC}+D=1+D=1$；

（6）$Y=AD+\overline{C}\,\overline{D}+\overline{A}\,\overline{C}+\overline{B}\,\overline{C}+D\overline{C}=AD+\overline{C}(D+\overline{D})+\overline{A}\,\overline{C}+\overline{B}\,\overline{C}$
$\quad=AD+\overline{C}+\overline{A}\,\overline{C}+\overline{B}\,\overline{C}=AD+\overline{C}(1+\overline{A}+\overline{B})=AD+\overline{C}$

2. （1）$Y=A\overline{B}+BD+CDE+\overline{A}D=A\overline{B}+D(B+\overline{A})+CDE$
$\quad\quad=A\overline{B}+D\text{g}\overline{A\overline{B}}+CDE=A\overline{B}+D+CDE（利用 A+\overline{A}B=A+B）$
$\quad\quad=A\overline{B}+D(1+CE)=A\overline{B}+D$；

（2）$Y=A+ABC+A\overline{BC}+BC+\overline{B}C=A(1+BC+\overline{BC})+C(B+\overline{B})=A+C$；

（3）$Y=(A\oplus B)\overline{AB}+\overline{AB}+AB$
$\quad\quad=(A\oplus B)(\overline{A\oplus B})+AB$
$\quad\quad=\overline{(A\oplus B)}+AB$
$\quad\quad=(\overline{A}B+A\overline{B})+AB$
$\quad\quad=\overline{A}B+A(\overline{B}+B)$
$\quad\quad=\overline{A}B+A$
$\quad\quad=A+B$ ；

（4）$Y=\overline{AC+\overline{A}BC+\overline{B}C}+AB\overline{C}$
$\quad\quad=\overline{C(A+\overline{A}B+\overline{B})}+AB\overline{C}$
$\quad\quad=\overline{C(A+B+\overline{B})}+AB\overline{C}$
$\quad\quad=\overline{C}+AB\overline{C}$
$\quad\quad=\overline{C}$

3. $Y=\overline{Y_1Y_2}=\overline{A\cdot\overline{AB}\cdot B\cdot\overline{AB}}$
$\quad=\overline{A\cdot\overline{AB}}+\overline{B\cdot\overline{AB}}$

$$=A \cdot \overline{AB} + B \cdot \overline{AB} = A(\overline{A} + \overline{B}) + B(\overline{A} + \overline{B})$$
$$=A\overline{A} + A\overline{B} + B\overline{A} + B\overline{B} = A\overline{B} + B\overline{A}$$

4. $A\overline{B}C + AB\overline{C} + ABC = AC + AB\overline{C} = A(C + B\overline{C})$
$$=A(C + B) = AC + AB.$$

逻辑图如图 3-13 所示.

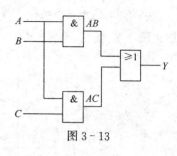

图 3-13

*5. (1) $A + \overline{A}B = A(B+1) + \overline{A}B = AB + A + \overline{A}B = A + (A + \overline{A})B = A + B$;

(2) $AB + A\overline{B} = A(B + \overline{B}) = A$;

(3) $(A + B)(A + \overline{B}) = A + A\overline{B} + AB + B\overline{B} = A(1 + \overline{B} + B) = A$;

(4) $ABC + \overline{A}D + \overline{B}D + \overline{C}D = ABC + \overline{ABC}D = (ABC + \overline{ABC})(ABC + D)$
$$=ABC + D;$$

(5) $\overline{A}B + A\overline{B}\,\overline{C} + \overline{A}\,B\,\overline{C} = (\overline{A}B + A\overline{B}\,\overline{C}) + (\overline{A}B + \overline{A}\,B\,\overline{C})$,

$(\overline{A}B + A\overline{B}\,\overline{C}) = \overline{B}(\overline{A} + A\,\overline{C}) = \overline{B}(\overline{A} + \overline{C}) = \overline{A}\overline{B} + \overline{B}\overline{C}$,

同理

$$(\overline{A}\,\overline{B} + \overline{A}B\,\overline{C}) = \overline{A}\,\overline{B} + \overline{A}\,\overline{C},$$

所以,

$$原式 = \overline{A}\,\overline{B} + \overline{B}\,\overline{C} + \overline{A}\,\overline{C};$$

(6) $A + \overline{A}(B + C) = A + A + \overline{B + C} = A + \overline{B}\,\overline{C}$;

(7) $ABC + A\overline{B}\,\overline{C} + \overline{A}\,B\,\overline{C} + \overline{A}\,\overline{B}C = A\overline{(B \oplus C)} + \overline{A}(B \oplus C) = A \oplus B \oplus C$

Ⅳ 复习与小结

本章介绍了常见的各种数制及其相互间的转换、逻辑函数及其表示方法、逻辑函数的公式化简.

一、数制与码制

1. 几种常用的数制见下表:

	十进制	二进制	八进制	十六进制
数码符号	0~9	0, 1	0~7	0~9, A~F
基数	10	2	8	16
规则	逢十进一	逢二进一	逢八进一	逢十六进一
表示形式	$(D)_{10} = D_n \times 10^{n-1} + \cdots + D_1 \times 10^0 + D_{-1} \times 10^{-1} + \cdots + D_{-m} \times 10^{-m}$	$(B)_2 = B_n \times 2^{n-1} + \cdots + B_1 \times 2^0 + \cdots + B_{-m} \times 2^{-m}$	$(S)_8 = S_n \times 8^{n-1} + \cdots + S_1 \times 8^0 + S_{-1} \times 8^{-1} + \cdots + S_{-m} \times 8^{-m}$	$(H)_{16} = H_n \times 16^{n-1} + \cdots + H_1 \times 16^0 + H_{-1} \times 16^{-1} + \cdots + H_{-m} \times 16^{-m}$
位权数	$10^{n-1}, \cdots, 10^1, 10^0, 10^{-1}, \cdots, 10^{-m}$	$2^{n-1}, \cdots, 2^1, 2^0, 2^{-1}, \cdots, 2^{-m}$	$8^{n-1}, \cdots, 8^1, 8^0, 8^{-1}, \cdots, 8^{-m}$	$16^{n-1}, \cdots, 16^1, 16^0, 16^{-1}, \cdots, 16^{-m}$

2. 在将十进制数转化为任意进制数时，需要对整数部分和小数部分分别进行转化，方法如下.

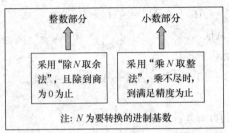

二、逻辑函数及其表示法

各种逻辑运算汇总见下表：

函数	与	或	非	与非	或非	与或非	异或	同或
函数表达式	$Y=AB$	$Y=A+B$	$Y=\overline{A}$	$Y=\overline{AB}$	$Y=\overline{A+B}$	$Y=\overline{AB+CD}$	$Y=\overline{A}B+A\overline{B}$ $=A\oplus B$	$Y=\overline{A}\,\overline{B}+AB$ $=A\odot B$
真值表	$\begin{array}{cc\|c}A&B&Y\\0&0&0\\0&1&0\\1&0&0\\1&1&1\end{array}$	$\begin{array}{cc\|c}A&B&Y\\0&0&0\\0&1&1\\1&0&1\\1&1&1\end{array}$	$\begin{array}{c\|c}A&Y\\0&1\\1&0\end{array}$	$\begin{array}{cc\|c}A&B&Y\\0&0&1\\0&1&1\\1&0&1\\1&1&0\end{array}$ 有0出1 全1出0	$\begin{array}{cc\|c}A&B&Y\\0&0&1\\0&1&0\\1&0&0\\1&1&0\end{array}$ 有1出0 全0出1	$\begin{array}{cccc\|c}A&B&C&D&Y\\0&0&0&0&1\\ \vdots & & & & \vdots \\1&1&1&1&0\end{array}$	$\begin{array}{cc\|c}A&B&Y\\0&0&0\\0&1&1\\1&0&1\\1&1&0\end{array}$ 不同出1 相同出0	$\begin{array}{cc\|c}A&B&Y\\0&0&1\\0&1&0\\1&0&0\\1&1&1\end{array}$ 不同出0 相同出1
逻辑电路	与门	或门	非门（反相器）	与非门	或非门	与或非门	异或门	同或门
逻辑符号	&	≥1	1	&	≥1	& ≥1	=1	=1

三、逻辑代数的公式化简

1. 逻辑代数的公式

序号	公式	序号	公式
1	$A \cdot 1 = A$	4	$A + 0 = A$
2	$A + 1 = 1$	5	$A \cdot \overline{A} = 0$
3	$A \cdot 0 = 0$	6	$A + \overline{A} = 1$

2. 逻辑代数的基本定律

名称	序号	公式
交换律	1	$AB = BA$
	2	$A + B = B + A$
结合律	3	$(AB)C = A(BC)$
	4	$(A+B) + C = A + (B+C)$
分配律	5	$A(B+C) = AB + AC$
	6	$A + BC = (A+B)(A+C)$

名称	序号	公式
同一律	7	$AA=A$，$AAA\cdots=A$
	8	$A+A=A$，$A+A+A+\cdots=A$
反演律（摩根定律）	9	$\overline{AB}=\overline{A}+\overline{B}$
	10	$\overline{A+B}=\overline{A}\,\overline{B}$
还原律	11	$\overline{\overline{A}}=A$
扩展律	12	$A=AB+A\overline{B}$

3. 若干常用公式

序号	公式	序号	公式
1	$AB+A\overline{B}=A$	4	$A+\overline{A}B=A+B$
2	$A+AB=A$	5	$AB+\overline{A}C+BC=AB+\overline{A}C$
3	$A(A+B)=A$	6	$A\overline{AB}=A\overline{B}$，$\overline{A}\,\overline{AB}=\overline{A}$

4. 公式化简法

公式化简法是利用逻辑代数的基本公式、定律及常用公式来消去多余的乘积项和每个乘积项中多余的因子，以求得逻辑函数表达式的最简形式．逻辑函数表达式的形式一般有五种，例如：

$$Y=A\overline{B}+BC \qquad 与或表达式$$
$$=(A+B)(\overline{B}+C) \qquad 或与表达式$$
$$=\overline{\overline{A\overline{B}}\cdot\overline{BC}} \qquad 与非—与非表达式$$
$$=\overline{\overline{A+B}+\overline{\overline{B}+C}} \qquad 或非—或非表达式$$
$$=\overline{\overline{A}\,\overline{B}+B\,\overline{C}} \qquad 与或非表达式$$

Ⅴ 单 元 测 验

一、选择题（每小题 3 分，共 15 分）

1. 一位十六进制数可以用（　　）位二进制数来表示.

    A. 1   B. 2   C. 4   D. 16

2. $(11.001)_2=($ 　　$)_{16}$.

    A. 3.1   B. 2.2   C. 3.2   D. 6.5

3. $(33.33)_{10}=($ 　　$)_2$.

    A. 100011.0101   B. 100001.0101

    C. 101001.0111   D. 100011.0101

4. 逻辑函数 $F=\overline{A}\,\overline{B}\,\overline{C}\,\overline{D}+A+B+C+D=($ 　　$)$.

    A. 0   B. 1   C. $A+B$ D. $A+D$

5. 以下表达式中符合逻辑运算法则的是 （　　）.

　　A. $C \cdot C = C^2$　　　　B. $1 + 1 = 10$　　　　C. $0 < 1$　　　　D. $A + 1 = 1$

二、填空题 （每小题 3 分，共 15 分）

1. $(10010111)_2 = ($ _____ $)_{10}$.

2. $(1101101)_2 = ($ _____ $)_{16}$.

3. 逻辑函数 $Y = AD(\overline{BC} + B + \overline{C}) = $ _____.

4. 逻辑函数 $Y = A\overline{B}C + \overline{A} + B + \overline{C} = $ _____.

5. 逻辑函数 $F = \overline{A}\overline{B} + \overline{A}B + \overline{A}\ \overline{B} + AB = $ _____.

三、计算题 （共 70 分）

1. 将下列二进制数转换成十进制数、八进制数和十六进制数．（每小题 3 分，共 9 分）

(1) 1110101;

(2) 0.110101;

(3) 10111.01.

2. 对应画出信号波形经过与非门后的波形图 Y．（5 分）
与非门一端固定输入 "1"，另一端输入信号 A（测图 3-1）.

测图 3-1

输入波形图 A（测图 3-2）.

测图 3-2

3. 用真值表证明 $\overline{A}B + A\overline{B} = (\overline{A} + \overline{B})(A + B)$. （5分）

4. 将下列逻辑函数化简成最简与或表达式. （每小题4分，共16分）
(1) $F = AB + \overline{A}\,\overline{B}C + BC$；

(2) $F = A\overline{B} + B + BCD$；

(3) $F = (A + B + C) \cdot (\overline{A} + B) \cdot (A + B + \overline{C})$；

(4) $F = BC + D + \overline{D} \cdot (\overline{B} + \overline{C}) \cdot (AC + B)$.

5. 分析测图 3-3 所示的组合逻辑电路，画出其简化逻辑电路图. （8分）

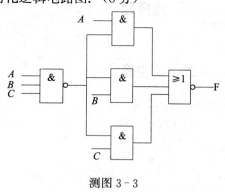

测图 3-3

6. 写出如测图 3-4 所示组合逻辑电路的表达式和真值表. （10分）

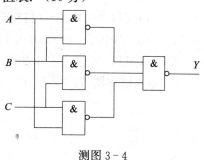

测图 3-4

7. 试分析如测图 3-5 所示的组合逻辑电路. （12 分）

(1) 写出输出逻辑表达式；

(2) 化为最简与或式；

(3) 列出真值表.

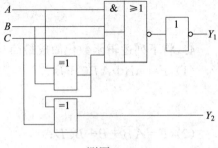

测图 3-5

8. 用真值表验证表达式 $A\bar{B}+\bar{A}B=(\bar{A}+\bar{B})\cdot(A+B)$. （5 分）

单元测验参考答案

一、选择题

1. C 2. C 3. B 4. B 5. D

二、填空题

1. $(151)_{10}$

2. $(6D)_{16}$

3. AD

4. 1

5. 0

三、计算题

1. (1) $(1110101)_2 = (117)_{10} = (165)_8 = (75)_{16}$；

(2) $(0.110101)_2 = (0.828\ 125)_{10} = (0.65)_8 = (0.D4)_{16}$；

(3) $(10111.01)_2 = (23.25)_{10} = (27.2)_8 = (17.4)_{16}$

2. 输入波形图（测图 3-6）：

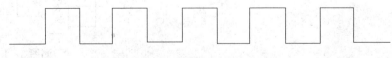

测图 3-6

输出波形图（测图 3 - 7）：

测图 3 - 7

3. 真值表：

A	B	$Y_1=\overline{A}B+A\overline{B}$	$Y_2=(\overline{A}+\overline{B})(A+B)$
0	0	0	0
0	1	1	1
1	0	1	1
1	1	0	0

通过真值表对应输入变量相同时，输出 $\overline{A}B+A\overline{B}=Y_1=Y_2=(\overline{A}+\overline{B})(A+B)$.

4. (1) $F=AB+\overline{A}\,\overline{B}C+BC$

$=AB+(\overline{A}\,\overline{B}+B)C$

$=AB+(\overline{A}+B)C$

$=AB+\overline{A}C+BC$

$=AB+\overline{A}C$；

(2) $F=A\overline{B}+B+BCD$

$=A\overline{B}+B$

$=A+B$；

(3) $F=(A+B+C)\cdot(\overline{A}+B)\cdot(A+B+\overline{C})$

$=(A+B)\cdot(\overline{A}+B)$

$=B$；

(4) $F=BC+D+\overline{D}\cdot(\overline{B}+\overline{C})\cdot(AC+B)$

$=BC+D+(\overline{B}+\overline{C})(AC+B)$

$=BC+D+\overline{BC}\,(AC+B)$

$=BC+D+AC+B$

$=B+D+AC$

5. 根据给定逻辑电路图得输出函数表达式为

$$F=\overline{\overline{ABC}\cdot A+\overline{ABC}\cdot B+\overline{ABC}\cdot C}.$$

化简输出函数表达式得

$F=\overline{\overline{ABC}\cdot A+\overline{ABC}\cdot B+\overline{ABC}\cdot C}$

$=\overline{\overline{ABC}\,(A+B+C)}$

$=ABC+\overline{A+B+C}$

$$=ABC+\overline{A}\,\overline{B}\,\overline{C}.$$

简化逻辑电路图（测图 3-9）.

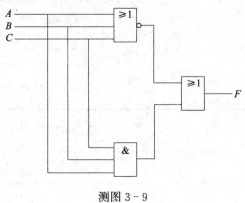

测图 3-9

6. $Y_1=\overline{AB}$，$Y_2=\overline{BC}$，$Y_3=\overline{CA}$，$Y=AB+BC+CA.$

真值表如下.

A	B	C	Y
0	0	0	0
0	0	1	0
0	1	0	0
0	1	1	1
1	0	0	0
1	0	1	1
1	1	0	1
1	1	1	1

7. （1）逻辑表达式

$$Y_1=AB+(A\oplus B)C$$
$$Y_2=A\oplus B\oplus C$$

（2）最简与或式

$$Y_1=AB+AC+BC$$
$$Y_2=\overline{A}\,\overline{B}C+\overline{A}B\,\overline{C}+A\overline{B}\,\overline{C}+ABC$$

（3）真值表

A	B	C	Y_1	Y_2
0	0	0	0	0
0	0	1	1	0
0	1	0	1	0
0	1	1	0	1
1	0	0	1	0
1	0	1	0	1
1	1	0	0	1
1	1	1	1	1

8. 验证如下.

A	B	$A\overline{B}$	$\overline{A}B$	$\overline{A}+\overline{B}$	$A+B$	$A\overline{B}+\overline{A}B$	$(\overline{A}+\overline{B})(A+B)$
0	0	0	0	1	0	0	0
0	1	0	1	1	1	1	1
1	0	1	0	1	1	1	1
1	1	0	0	0	1	0	0

Ⅵ 习题册习题参考答案

§3-1 数制与码制

1. (1) $(1011.1)_2=1\times2^3+0\times2^2+1\times2^1+1\times2^0+1\times2^{-1}=11.5$;

(2) $(111.101)_2=1\times2^2+1\times2^1+1\times2^0+1\times2^{-1}+0\times2^{-2}+1\times2^{-3}=7.625$;

(3) $(456)_8=4\times8^2+5\times8^1+6\times8^0=302$;

(4) $(215)_8=2\times8^2+1\times8^1+5\times8^0=141$;

(5) $(1ED6)_{16}=1\times16^3+14\times16^2+13\times16^1+6\times16^0=7894$;

(6) $(3CB)_{16}=3\times16^2+12\times16^1+11\times16^0=971$;

(7) $(103.2)_{16}=1\times16^2+0\times16^1+3\times16^0+2\times16^{-1}=259.125$;

(8) $(A45D.0BC)_{16}=10\times16^3+4\times16^2+5\times16^1+13\times16^0+0\times16^{-1}+11\times16^{-2}+12\times16^{-3}\approx42077.0459$

2. (1) $(378)_{10}=(101111010)_2$;

(2) $(194.5)_{10}=(11000010.1)_2$;

(3) $(0.625)_{10}=(0.101)_2$;

(4) $(34.16)_{10}=(100010.0010100011110101)_2$

3. (1) $(215)_{10}=(327)_8$;

(2) $(253)_{10}=(375)_8$;

(3) $(302)_{10}=(456)_8$;

(4) $(611)_{10}=(1143)_8$

4. (1) $(215)_{10}=(D7)_{16}$;

(2) $(638)_{10}=(27E)_{16}$;

(3) $(1396)_{10}=(574)_{16}$;

(4) $(3272)_{10}=(CC8)_{16}$.

(5) $(500)_{10}=(1F4)_{16}$;

(6) $(59)_{10}=(3B)_{16}$;

(7) $(0.34)_{10}=(0.570A)_{16}$;

(8) $(1002.45)_{10}=(3EA.7333)_{16}$

5. (1) $1100000010=(1402)_8$;

(2) $110111101 = (675)_8$；

(3) $10111.10101 = (27.52)_8$；

(4) $10111100.1101 = (274.64)_8$

6. (1) $101011010101 = (AD5)_{16}$；

(2) $111110101100101 = (3D65)_{16}$；

(3) $1011110111.011101 = (2F7.74)_{16}$；

(4) $1011100011.01011 = (2E3.58)_{16}$.

(5) $(101001)_2 = (29)_{16}$；

(6) $(11.01101)_2 = (3.68)_{16}$

7. (1) $(372)_8 = (11111010)_2$；

(2) $(463)_8 = (100110011)_2$；

(3) $(5611)_8 = (101110001001)_2$；

(4) $(7241)_8 = (111010100001)_2$

8. (1) $(FC.4)_{16} = (11111100.01)_2 = (252.25)_{10}$；

(2) $(DB.8)_{16} = (11011011.1)_2 = (219.5)_{10}$；

(3) $(6A)_{16} = (1101010)_2 = (106)_{10}$；

(4) $(FF)_{16} = (11111111)_2 = (255)_{10}$；

(5) $(23F.45)_{16} = (1000111111.01000101)_2$
$$= (575.26953125)_{10}$$；

(6) $(A040.51)_{16}$
$$= (1010000001000000.01010001)_2$$
$$= (41024.31640625)_{10}$$

试一试

1. (1) $(43)_{10} = (101011)_2 = (53)_8 = (2B)_{16} = (01000011)_{8421BCD}$；

(2) $(127)_{10} = (1111111)_2 = (177)_8 = (7F)_{16} = (000100100111)_{8421BCD}$；

(3) $(254.25)_{10} = (11111110.01)_2 = (376.2)_8 = (FE.4)_{16} = (001001010100.00100101)_{8421BCD}$；

(4) $(2.718)_{10} = (10.10110111)_2 = (2.56)_8 = (2.B7)_{16} = (0010.011100011000)_{8421BCD}$

2. (1) 数字波形如图 3-14 所示

(2) 数字波形如图 3-15 所示

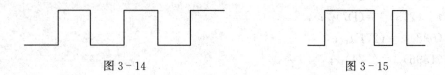

图 3-14   图 3-15

(3) 数字波形如图 3-16 所示

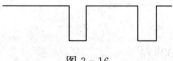

图 3-16

§3-2 逻辑函数及其表示法

1. C 2. C 3. B 4. A 5. B 6. B 7. C 8. A 9. B

10. (1) 逻辑电路如图3-17所示；　　　　　　(2) 逻辑电路如图3-18所示；

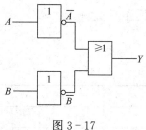

图3-17

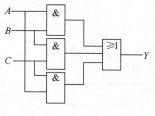

图3-18

(3) 逻辑电路如图3-19所示；　　　　　　(4) 逻辑电路如图3-20所示

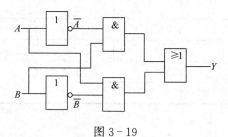

图3-19

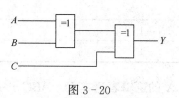

图3-20

11. (1) $L=A+\overline{A}B$　　　(2) $L=A\overline{B}+\overline{A}B+BC$　　　(3) $L=ABCD+\overline{A}\,\overline{B}\,\overline{C}\,\overline{D}$

A	B	L
0	0	0
0	1	1
1	0	1
1	1	1

A	B	C	L
0	0	0	0
0	0	1	0
0	1	0	1
0	1	1	1
1	0	0	1
1	0	1	1
1	1	0	0
1	1	1	1

A	B	C	D	L
0	0	0	0	1
0	0	0	1	0
0	0	1	0	0
0	0	1	1	0
0	1	0	0	0
0	1	0	1	0
0	1	1	0	0
0	1	1	1	0
1	0	0	0	0
1	0	0	1	0
1	0	1	0	0
1	0	1	1	0
1	1	0	0	0
1	1	0	1	0
1	1	1	0	0
1	1	1	1	1

12. (1) $Y=\overline{A}\,\overline{B}C+\overline{A}B\,\overline{C}+A\overline{B}C+AB\overline{C}=B\overline{C}+\overline{B}C$；

(2) $Y=\overline{A}\,\overline{B}C+\overline{A}B\,\overline{C}+A\overline{B}\,\overline{C}+A\overline{B}C=\overline{A}\,\overline{B}C+\overline{A}B\,\overline{C}+A\overline{B}$

13. 逻辑图与波形图如图 3 - 21 所示

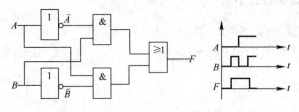

图 3 - 21

14. 真值表

A	B	C	X
0	0	0	0
0	0	1	0
0	1	0	0
0	1	1	1
1	0	0	0
1	0	1	1
1	1	0	1
1	1	1	0

X 的逻辑表达式 $X = \overline{A}BC + A\overline{B}C + AB\overline{C}$

试一试

(1) 真值表证明如下：

A	B	$\overline{A}$	$\overline{B}$	$\overline{A+B}$	$\overline{A} \cdot \overline{B}$
0	0	1	1	1	1
0	1	1	0	0	0
1	0	0	1	0	0
1	1	0	0	0	0

(2) 真值表证明如下：

A	B	$\overline{A}$	$\overline{B}$	$\overline{AB}$	$\overline{A} + \overline{B}$
0	0	1	1	1	1
0	1	1	0	1	1
1	0	0	1	1	1
1	1	0	0	0	0

§3 - 3 逻辑代数的公式化简

1. (1) $ABC + \overline{B}C = (AB + \overline{B})C = (A + \overline{B})C = AC + \overline{B}C$；

(2) $A\overline{B}(A + B) = A\overline{B}$；

(3) $F = AB + \overline{A}\,\overline{B}C + BC$

$\quad = AB + (\overline{A}\,\overline{B} + B)C$

$\quad = AB + (\overline{A} + B)C$

$\quad = AB + \overline{A}C + BC$

$\quad = AB + \overline{A}C;$

(4) $F = A\overline{B} + B + BCD$

$\quad = A\overline{B} + B$

$\quad = A + B;$

(5) $F = (A+B+C) \cdot (\overline{A}+B) \cdot (A+B+\overline{C})$

$\quad = (A+B) \cdot (\overline{A}+B)$

$\quad = B;$

(6) $F = BC + D + \overline{D} \cdot (\overline{B}+\overline{C}) \cdot (AC+B)$

$\quad = BC + D + (\overline{B}+\overline{C})(AC+B)$

$\quad = BC + D + \overline{BC}(AC+B)$

$\quad = BC + D + AC + B$

$\quad = B(1+C) + D + AC$

$\quad = B + D + AC$

2. (1) $F = ABC + A\overline{B}C = AC;$

(2) $F = A(\overline{B}\,\overline{C}+BC) + A\overline{B}C + AB\overline{C} = A(\overline{B}\,\overline{C}+BC) + A(\overline{B}C+B\overline{C})$

$\quad = A\overline{\overline{B}C+B\overline{C}} + A(\overline{B}C+B\overline{C}) = A;$

(3) $F = AB + \overline{A}\,\overline{C} + B\overline{C} = AB + \overline{A}\,\overline{C};$

(4) $F = AB + \overline{A}C + \overline{B}C$

$\quad = AB + \overline{A}C + BC + \overline{B}C = AB + \overline{A}C + C = AB + C;$

(5) $F = AC + A\overline{B} + \overline{C}D + ADE$

$\quad = AC + \overline{C}D + ADE + A\overline{B} = AC + \overline{C}D + A\overline{B}$

3. (1)

A	B	$A+\overline{A}B$	$A+B$
0	0	0	0
0	1	1	1
1	0	1	1
1	1	1	1

(2)

A	B	C	$\overline{A} \oplus \overline{B} \oplus \overline{C}$	$A \oplus \overline{B} \oplus C$
0	0	0	0	0
0	0	1	1	1
0	1	0	1	1
0	1	1	0	0

A	B	C	$\overline{A}\oplus\overline{B}\oplus\overline{C}$	$A\oplus\overline{B}\oplus C$
1	0	0	1	1
1	0	1	0	0
1	1	0	0	0
1	1	1	1	1

4. (1) $Y=A\overline{B}+\overline{B}\,\overline{C}+AC=A\overline{B}(C+\overline{C})+\overline{B}\,\overline{C}+AC$

$\qquad =A\overline{B}C+A\overline{B}\,\overline{C}+\overline{B}\,\overline{C}+AC=AC(1+\overline{B})+\overline{B}\,\overline{C}(1+A)$

$\qquad =AC+\overline{B}\,\overline{C}$;

(2) $Y=\overline{A}B+\overline{A}D+\overline{B}\,\overline{E}=\overline{A}+\overline{B}+\overline{A}D+\overline{B}\,\overline{E}$

$\qquad =(\overline{A}+\overline{A}D)+(\overline{B}+\overline{B}\,\overline{E})=\overline{A}(1+\overline{A}D)+\overline{B}(1+\overline{E})$

$\qquad =\overline{A}+\overline{B}$;

(3) $Y=A\overline{B}+BD+DCE+D\overline{A}=A\overline{B}+D(B+\overline{A})+DCE$

$\qquad =A\overline{B}+D\,\overline{\overline{B}\,A}+DCE=(A\overline{B}+D)(A\overline{B}+\overline{A}\,\overline{B})+DCE$

$\qquad =A\overline{B}+D+DCE=A\overline{B}+D$;

(4) $Y=A\overline{B}+(\overline{A}+\overline{C})B+AC$

$\qquad =A\overline{B}+\overline{A}\,\overline{C}B+AC=A\overline{B}+AC+B=A+B+AC=A+B$;

(5) $Y=A+AC+BCD=A+BCD$;

(6) $Y=AB+B\overline{C}+AC=B\overline{C}+AC$.

5. (1) 逻辑函数式:

$\qquad Y_1=\overline{AB}$, $Y_2=\overline{BC}$, $Y_3=\overline{AC}$, $Y=\overline{Y_1Y_2Y_3}=\overline{Y_1}+\overline{Y_2}+\overline{Y_3}=AB+BC+AC$;

(2) 真值表:

A	B	C	Y
0	0	0	0
0	0	1	0
0	1	0	0
0	1	1	1
1	0	0	0
1	0	1	1
1	1	0	1
1	1	1	1

(3) 逻辑功能: 输入信号 A, B, C 三个变量中,当有两个或两个以上的变量取值为 1 时,输出 Y 才是高电平

6. $F=(A+B)(A+C)=A+AC+AB+BC=A+BC=\overline{\overline{A+BC}}=\overline{\overline{A}\cdot\overline{BC}}$;

逻辑电路图如图 3-22 所示.

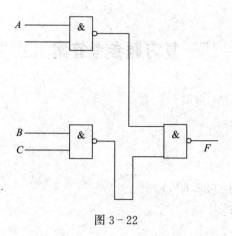

图 3 - 22

试一试

逻辑电路图如图 3 - 23 所示.

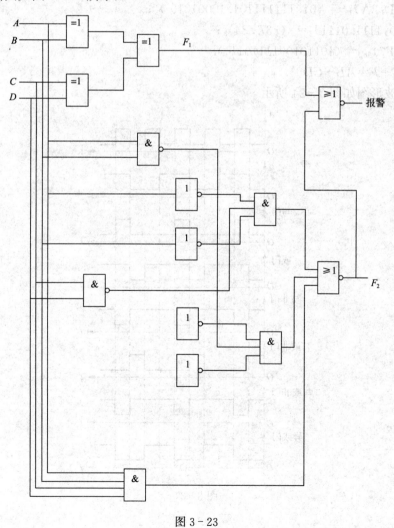

图 3 - 23

复习题参考答案

1. B
2. B
3. A
4. D
5. (1) $(10110.101)_2 = (22.625)_{10}$；

(2) $(710)_8 = (456)_{10}$；

(3) $(1B6)_{16} = (438)_{10}$；

(4) $(54270)_8 = (101100010111000)_2$；

(5) $(285)_{10} = (100011101)_2$；

(6) $(5FD.8A)_{16} = (010111111101.10001010)_2$；

(7) $(11011111.0111)_2 = (337.34)_8$；

(8) $(B4F7)_{16} = (1011010011110111)_2$

6. $Y = E + F = AB + CD$

7. 输出波形图如图 3-24 所示.

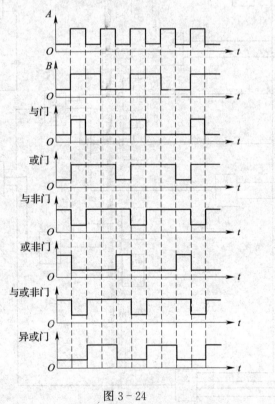

图 3-24

8. 真值表：

A	B	C	$\overline{A}$	$\overline{B}$	$\overline{A}\,\overline{B}$	AC	Y
0	0	0	1	1	1	0	1
0	0	1	1	1	1	0	1
0	1	0	1	0	0	0	0
0	1	1	1	0	0	0	0
1	0	0	0	1	0	0	0
1	0	1	0	1	0	1	1
1	1	0	0	0	0	0	0
1	1	1	0	0	0	1	1

逻辑表达式为 $Y=\overline{A}\,\overline{B}\,\overline{C}+\overline{A}\,\overline{B}C+A\overline{B}C+ABC=\overline{A}\,\overline{B}+AC.$

逻辑图如图 3-25 所示.

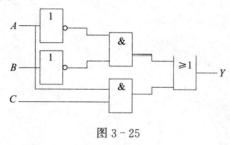

图 3-25

9. 逻辑表达式为 $Y=\overline{A}\,\overline{B}C+\overline{A}B\overline{C}+AB\overline{C}.$

逻辑图如图 3-26 所示.

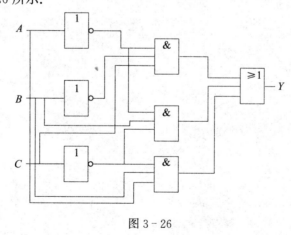

图 3-26

10. (1) $Y=ABC+\overline{B}C=(AB+\overline{B})C=(A+\overline{B})C=AC+\overline{B}C;$

(2) $Y=ABCD+\overline{B}C+\overline{A}D=C(ABD+\overline{B})+\overline{A}D=C(AD+\overline{B})+\overline{A}D$

$\quad=ACD+\overline{B}C+\overline{A}D=\overline{B}C+D(\overline{A}+AC)=\overline{B}C+D(\overline{A}+C)$

$\quad=\overline{B}C+\overline{A}D+CD;$

(3) $Y = \overline{C}\overline{D} + \overline{C}D + C\overline{D} + CD = \overline{C} + C = 1$;

(4) $Y = \overline{A}BD + A\overline{B}C + A = \overline{A}BD + A = A + BD$;

(5) $Y = AD + A\overline{D} + AB + \overline{A}C + BD + A\overline{B}EF + \overline{B}EF$

$\quad = A + AB + \overline{A}C + BD + A\overline{B}EF + \overline{B}EF$

$\quad = A + \overline{A}C + BD + \overline{B}EF$

$\quad = A + C + BD + \overline{B}EF$;

(6) $Y = AB + A\overline{C} + \overline{B}C + \overline{C}B + \overline{B}D + \overline{D}B$

$\quad = A(B + \overline{C}) + \overline{B}C + \overline{C}B + \overline{B}D + \overline{D}B$

$\quad = A\overline{\overline{B}C} + \overline{B}C + \overline{C}B + \overline{B}D + \overline{D}B$

$\quad = A + \overline{B}C + \overline{C}B + \overline{B}D + \overline{D}B$

$\quad = A + \overline{B}C(D + \overline{D}) + \overline{C}B + \overline{B}D + \overline{D}B(C + \overline{C})$

$\quad = A + \overline{B}D + C\overline{D} + B\overline{C}$

*第四章

微分方程及其应用

Ⅰ 概　述

一、教学要求

知识点		教学要求		
		了解	理解	掌握
§4-1　可分离变量的微分方程	微分方程的基本概念	√		
	可分离变量的微分方程			√
§4-2　一阶线性微分方程	一阶线性微分方程的定义	√		
	一阶非齐次线性微分方程的解法			√
§4-3　二阶微分方程	$y''=f(x)$ 型微分方程			√
	二阶常系数齐次线性微分方程			√

二、教材分析与说明

　　微分方程在电工学中有着广泛的应用，解决实际问题时，首先应建立微分方程定解问题的数学模型，然后对它进行研究，找出定解问题的解——微分方程的解. 本章内容在高级阶段所学微分方程知识的基础上，拓展了学生分析及解决实际问题的能力，对微分方程的求解只做了简单的介绍，主要通过大量的习题帮助学生复习掌握解微分方程的相关知识. 同时，通过对电工学实例的大量分析，引导学生运用数学知识解决具体的问题，使学生能够利用所学知识分析及解决专业课程和工作实践中的实际问题，为学生学习专业课程和从事技术工作做好准备. 在解决实际问题时，学生建立数学模型有一定的难度. 因此，在教学中要本着适度的原则，体现技工院校技能型人才教育、教学的特色，切忌盲目对教学内容进行加深.

　　本章分为三节：

　　§4-1可分离变量的微分方程. 介绍了微分方程及其阶、解、通解、特解、初值条件等概念，以及一阶可分离变量微分方程的解法；结合解题步骤举例，通过例4介绍了可分离变量微分方程在电工学上的应用.

　　§4-2一阶线性微分方程. 介绍了一阶线性微分方程的定义，一阶齐次线性微分方程和一阶非齐次线性微分方程的形式. 一阶非齐次线性微分方程的解法为公式法，即运用公式求一阶非齐次线性微分方程的通解. 又通过例3、例4介绍了用一阶线性微分方程求得回路中 $i(t)$ 在初值条件下的特解的方法.

§4-3二阶微分方程. 介绍 $y''=f(x)$ 型微分方程的解法，通过例1归纳解题的方法，并介绍其在运动学中的应用；介绍二阶常系数齐次线性微分方程的形式和求通解的步骤，例3、例4、例5分别对应特征方程两根不同的三种情况，例6是二阶常系数齐次线性微分方程在电学上的应用.

本章重点：

1. 微分方程通解与特解的概念.

2. 一阶微分方程的分离变量法.

3. 一阶线性微分方程的通解公式.

4. 二阶常系数齐次线性微分方程的解法.

本章难点：

微分方程在电学中的应用.

三、课时分配建议

章节内容	教学时数	
	基本课时	拓展课时
§4-1　可分离变量的微分方程		2
§4-2　一阶线性微分方程		2
§4-3　二阶微分方程		4
复习与小结		2
合计	10	

Ⅱ　内容分析与教学建议

§4-1　可分离变量的微分方程

本节包括微分方程的基本概念、可分离变量微分方程的解法及其在电学上的应用两部分内容.

本节重点： 可分离变量微分方程的特点及解法.

本节难点： 解决电学中的应用问题.

1. 微分方程的阶数是指方程中出现的未知函数导数（或微分）的最高阶数，而非乘方的次数. 微分方程的解不一定是常见的 $y=f(x)$ 的形式，可能是关于 x，y 的一个方程 $F(x,y)=0$.

2. 可分离变量微分方程的特点：一端为只含 x 的函数和只含 y 的函数的乘积，另一端则仅为函数 y 对 x 的一阶导数.

3. 微分方程的初值条件是在求出微分方程的通解后解特解的附加条件（或定解条件）. 在有些问题特别是实际问题中，初值条件常常隐含在问题中，所以要认真地分析问题，找出初值条件，并依据初值条件求出特解.

4. 微分方程是联系着自变量、未知函数及未知函数的导数（或微分）的方程，它的最大特点是在方程中含有未知函数的导数（或微分）. 积分运算是首要解决的问题，因此，在讲授本节内容时可适当地对积分的基本公式及求积分的几种方法进行复习，以便能顺利地解决求解过程中遇到的积分问题. 教师在教学中可结合课后习题及习题册，或自行补充合适的题目让学生练习，以使其熟练掌握好相关内容.

5. 在解决实际应用问题时，教师应引导学生复习相应的电工学知识，归纳有关公式和定理，找出其内在的联系，列出含有未知函数导数（或微分）的等式，其分析方法类似于列代数方程的方法. 关键是列出方程，然后按照求分离变量的微分方程的方法求通解. 例 4 的初值条件就隐含在题目中，教师要注重引导学生进行分析. 这部分的内容有一定的难度，因此教学中要根据实际情况调整教学方法，循序渐进.

6. 针对可分离变量微分方程在电工学上的应用，要根据所给实际问题建立并求解微分方程. 例 4 通过电路分析列出回路中关于电容器两端电压 u_C 的函数关系式，其关键是要知道电流是电量对于时间的导数以及回路中电流、电压、电容、电阻之间的关系. 其中要用到基尔霍夫第二定律：在一个回路中，各元件上电势降的代数和必定等于电源电动势的代数和.

7. 应用微分方程求解这类实际问题的一般步骤：

（1）建立数学模型：分析所给实际问题，设所求未知函数，建立微分方程，确定初值条件；

（2）求解微分方程：求出所列微分方程的通解，并根据初值条件确定通解中的任意常数，求出微分方程相应的特解；

（3）解释实际问题：通过所求得的微分方程的解，并根据对具体题意的分析和对实际问题的解释，预测变化趋势.

§4-2　一阶线性微分方程

本节包括一阶线性微分方程的定义、一阶非齐次线性微分方程的解法两部分内容. 一阶线性微分方程包括一阶齐次线性微分方程和一阶非齐次线性微分方程. 一阶齐次线性微分方程实质就是可分离变量的一阶微分方程，而对一阶非齐次线性微分方程的解法教材仅介绍了公式法.

本节重点：理解一阶齐次线性微分方程和一阶非齐次线性微分方程的形式与特点，掌握求解一阶非齐次线性微分方程的方法.

本节难点：运用公式法正确求出一阶非齐次线性微分方程的通解和特解，一阶非齐次线性微分方程在电工学中的运用.

1. 形如 $\dfrac{\mathrm{d}y}{\mathrm{d}x}+P(x)y=Q(x)$ 的方程称为一阶线性微分方程，这类方程的特点如下：

（1）方程中仅含 y 对 x 的一阶导数（或微分）；

（2）未知函数 y 及其导数（或微分）都是一次的，即方程是线性的；

（3）一阶齐次线性微分方程的最大特点是 $Q(x)=0$.

2. 一阶齐次线性微分方程 $\dfrac{\mathrm{d}y}{\mathrm{d}x}+P(x)y=0$ 实质就是一个可分离变量的微分方程. 授课时要给学生明确, 解决这类方程最好是分离变量直接求解.

3. 一阶非齐次线性微分方程的通解为:

$$y=\mathrm{e}^{-\int P(x)\mathrm{d}x}\left[\int Q(x)\mathrm{e}^{\int P(x)\mathrm{d}x}\mathrm{d}x+C\right]$$

$$=C\mathrm{e}^{-\int P(x)\mathrm{d}x}+\mathrm{e}^{-\int P(x)\mathrm{d}x}\int Q(x)\mathrm{e}^{\int P(x)\mathrm{d}x}\mathrm{d}x \quad (C \text{ 为任意常数}).$$

可以看出, 一阶非齐次线性微分方程的通解由两部分组成:

(1) $C\mathrm{e}^{-\int P(x)\mathrm{d}x}$ 正好是与一阶非齐次方程相对应的一阶齐次线性微分方程 $\dfrac{\mathrm{d}y}{\mathrm{d}x}+P(x)y=0$ 的通解;

(2) $\mathrm{e}^{-\int P(x)\mathrm{d}x}\int Q(x)\mathrm{e}^{\int P(x)\mathrm{d}x}\mathrm{d}x$ 是一阶非齐次线性微分方程的一个特解, 只要令 $C=0$ 即可得到.

一阶非齐次线性微分方程通解的这种结构实质是一切线性方程所共有的, 二阶常系数微分方程的通解也具有类似的结构.

4. 运用通解公式求一阶线性微分方程的关键是:

(1) 正确地判别所给一阶线性微分方程的类型;

(2) 准确地找出其中的已知函数 $P(x)$ 和 $Q(x)$.

5. 教材关于一阶非齐次微分方程的通解、特解分别安排了一个例题, 教师在授课时可根据学生对相关知识掌握的情况, 适当地布置一些课后习题和习题册的题目.

6. 教材例 3 是一阶非齐次线性微分方程在电工学上的应用. 根据回路电压定律得到相应的微分方程, 运用公式法得到通解, 再根据初值条件得到特解, 其计算不是很复杂, 但授课时要分析透彻, 以便于学生掌握相关内容, 并能举一反三解决一些实际问题.

7. 教材例 4 根据电学知识建立微分方程后, 在求通解的过程中, 两次运用到了分部积分法求积分. 教材上有详细的解答过程. 因此, 在教学中不要在求解过程中花费大量的精力和时间, 根据积分结果把通解和特解解答完整即可. 可告知学生碰到较复杂的积分问题时可查阅相应的积分表得到结论.

§4-3 二阶微分方程

本节包括 $y''=f(x)$ 型微分方程、二阶常系数齐次线性微分方程及两种方程在运动学和电工学中的应用.

本节重点: 掌握 $y''=f(x)$ 型微分方程、二阶常系数齐次线性微分方程的解法.

本节难点: $y''=f(x)$ 型微分方程、二阶常系数齐次线性微分方程在电工学中的运用.

1. 教材例 1 通过举例给出解 $y''=f(x)$ 的方法. 对方程两边积分一次得到的是一阶微分方程, 再积分才可以求得微分方程中的未知函数. 教学时可再找相应的题目让学生练习, 以使其掌握解答的方法.

2. 求二阶常系数齐次线性微分方程 $y''+py'+qy=0$ 通解的方法称为特征根法, 其特点是不用"积分", 只需求出与微分方程相对应的特征方程 $r^2+pr+q=0$ 的特征根, 再根据通解公式，就可以相应地写出这个二阶常系数齐次线性微分方程的通解.

3. 教材上没有关于求二阶常系数齐次线性微分方程特解的例题，教师可结合课后习题及习题册指导学生做相应的练习.

4. 例 6 是二阶常系数齐次线性微分方程在电工学方面的应用实例. 解题时，可以根据回路电压定律建立未知函数所满足的微分方程，再按步骤求解方程，最后根据初值条件求出特解.

Ⅲ　课后习题参考答案

§4-1　可分离变量的微分方程

1. 对函数 $y=(C_1+C_2 x)\mathrm{e}^{2x}$ 分别求一阶及二阶导数，得
$$y'=(C_2+2C_1+2C_2 x)\mathrm{e}^{2x},$$
$$y''=4(C_2+C_1+C_2 x)\mathrm{e}^{2x}.$$

将它们代入方程 $y''-4y'+4y=0$ 的左边，方程成立.

特解为
$$y=(1-2x)\mathrm{e}^{2x}.$$

2. （1）分离变量，得 $\dfrac{1}{y^2}\mathrm{d}y=2x\mathrm{d}x$，通解为 $y=-\dfrac{1}{x^2+C}$；

（2）分离变量，得 $\dfrac{1}{y}\mathrm{d}y=-\sin x\mathrm{d}x$，通解为 $y=C\mathrm{e}^{\cos x}$；

（3）分离变量，得 $\mathrm{e}^{-y}\mathrm{d}y=\mathrm{e}^{-2x}\mathrm{d}x$，通解为 $2\mathrm{e}^{-y}=\mathrm{e}^{-2x}+C$

3. （1）分离变量，得 $\dfrac{\mathrm{d}y}{y}=-\dfrac{x}{1+x^2}\mathrm{d}x$，通解为 $y=\dfrac{C}{\sqrt{1+x^2}}$，特解为 $y=\dfrac{1}{\sqrt{1+x^2}}$；

（2）分离变量，得 $\dfrac{\sin y}{\cos y}\mathrm{d}y=\dfrac{\sin x}{\cos x}\mathrm{d}x$，通解为 $\cos y=C\cos x$，特解为 $\cos y=\dfrac{\sqrt{2}}{2}\cos x$；

（3）分离变量，得 $\dfrac{\mathrm{d}y}{y}=2x\mathrm{d}x$，通解为 $y=C\mathrm{e}^{x^2}$，特解为 $y=\mathrm{e}^{x^2}$

4. **解**：（1）建立微分方程.

根据回路电压定律得 $u_R+u_C=0$

电容放电时，电容上的电量 q 逐渐减少. 根据电容的性质，q 与 u_C 有关系式 $q=Cu_C$，于是
$$i=\frac{\mathrm{d}q}{\mathrm{d}t}=\frac{\mathrm{d}(Cu_C)}{\mathrm{d}t}=C\frac{\mathrm{d}u_C}{\mathrm{d}t},$$
$$u_R=Ri=RC\frac{\mathrm{d}u_C}{\mathrm{d}t}.$$

将它们代入等式 $u_R+u_C=0$，即得电容两端的电压 u_C 所满足的微分方程 $RC\dfrac{\mathrm{d}u_C}{\mathrm{d}t}+u_C=0$.

（2）求得微分方程的通解 $u_C=C_1\mathrm{e}^{-\frac{t}{RC}}$.

（3）求微分方程的特解.

由初值条件 $u_C|_{t=0}=u_0$，得 $C_1=u_0$，得特解 $u_C=u_0\mathrm{e}^{-\frac{t}{RC}}$.

因为 $i=\dfrac{u_C}{R}$，所以 $i=\dfrac{u_0}{R}\mathrm{e}^{-\frac{t}{RC}}$.

开关闭合后电路中的电流随时间 t 的变化规律为 $i=\dfrac{u_0}{R}\mathrm{e}^{-\frac{t}{RC}}$.

电容器上的电压随时间 t 的变化规律为 $u_C=u_0\mathrm{e}^{-\frac{t}{RC}}$.

可见，电容器上的电压 $u_C=u_C(t)$ 和电路中的电流 $i=i(t)$ 随时间 t 的增加而按指数规律减小，并逐渐地接近于零.

§4-2　一阶线性微分方程

1. (1) $y=\mathrm{e}^{-\int \mathrm{d}x}\left(\int \mathrm{e}^{-x}\cos x\cdot \mathrm{e}^{\int \mathrm{d}x}\mathrm{d}x+C\right)=\mathrm{e}^{-x}\left(\int \cos x\,\mathrm{d}x+C\right)=\mathrm{e}^{-x}(\sin x+C)$；

(2) $p(x)=-\dfrac{1}{2}$，$q(x)=\dfrac{1}{2}\mathrm{e}^x$，$y=\mathrm{e}^{-\int \left(-\frac{1}{2}\right)\mathrm{d}x}\left(\int \dfrac{1}{2}\mathrm{e}^x\cdot \mathrm{e}^{\int \left(-\frac{1}{2}\right)\mathrm{d}x}\mathrm{d}x+C\right)=\mathrm{e}^{\frac{x}{2}}\left(\mathrm{e}^{\frac{x}{2}}+C\right)$；

(3) $y=\mathrm{e}^{-\int \frac{1}{x}\mathrm{d}x}\left(\int \dfrac{\mathrm{e}^x}{x}\cdot \mathrm{e}^{\int \frac{1}{x}\mathrm{d}x}\mathrm{d}x+C\right)=\dfrac{1}{x}\left(\int \mathrm{e}^x\mathrm{d}x+C\right)=\dfrac{1}{x}(\mathrm{e}^x+C)$

2. (1) 方程化为 $\dfrac{\mathrm{d}y}{\mathrm{d}x}+\dfrac{2}{x}y=\dfrac{x-1}{x^2}$，通解为 $y=\dfrac{1}{2}-\dfrac{1}{x}+\dfrac{C}{x^2}$，特解为 $y=\dfrac{1}{2}-\dfrac{1}{x}+\dfrac{1}{2x^2}$；

(2) 通解为 $y=\dfrac{1}{\sin x}(-5\mathrm{e}^{\cos x}+C)$，特解为 $y=\dfrac{1}{\sin x}(-5\mathrm{e}^{\cos x}+1)$；

(3) 方程化为 $\dfrac{\mathrm{d}y}{\mathrm{d}x}+\dfrac{1}{x\ln x}y=\dfrac{1}{x}$，通解为 $y=\dfrac{1}{\ln x}\left(\dfrac{1}{2}\ln^2 x+C\right)$，特解为 $y=\dfrac{1}{\ln x}\left(\dfrac{1}{2}\ln^2 x+1\right)=\dfrac{1}{\ln x}+\dfrac{1}{2}\ln x$

3. **解：**(1) 建立微分方程.

由电工学知识可知，当电流变化时，电感上有感应电动势 $-L\dfrac{\mathrm{d}i}{\mathrm{d}t}$. 由回路电压定律得

$$E-L\dfrac{\mathrm{d}i}{\mathrm{d}t}-iR=0,$$

即

$$\dfrac{\mathrm{d}i}{\mathrm{d}t}+\dfrac{R}{L}i=\dfrac{E}{L},$$

且满足初值条件 $i|_{t=0}=6$. 将 $E=3\sin 2t$，$R=10$，$L=0.5$ 代入上式得

$$\dfrac{\mathrm{d}i}{\mathrm{d}t}+20i=6\sin 2t.$$

(2) 求微分方程的通解.

将 $P(t)=20$，$Q(t)=6\sin 2t$ 代入通解公式，得

$$i=\dfrac{3}{101}(10\sin 2t-\cos 2t)+C_1\mathrm{e}^{-20t}.$$

(3) 求微分方程的特解.

由初值条件 $i|_{t=0}=6$，代入通解，得 $C_1=\dfrac{609}{101}$.

于是所求电流为 $i = \dfrac{3}{101}(10\sin 2t - \cos 2t) + \dfrac{609}{101}e^{-20t}$.

4. **解**：(1) 建立微分方程.

由电学知识可知，当电流变化时，电感上有感应电动势 $-L\dfrac{di}{dt}$. 由回路电压定律得

$$E - L\dfrac{di}{dt} - iR = 0,$$

即

$$\dfrac{di}{dt} + \dfrac{R}{L}i = \dfrac{E}{L},$$

且满足初值条件 $i|_{t=0} = 0$. 将 $E = 20\sin 5t$，$R = 10$，$L = 2$ 代入上式得

$$\dfrac{di}{dt} + 5i = 10\sin 5t.$$

(2) 求微分方程的通解.

将 $P(t) = 5$，$Q(t) = 10\sin 5t$ 代入通解公式，得

$$i(t) = Ce^{-5t} + \sin 5t - \cos 5t$$

$$= Ce^{-5t} + \sqrt{2}\sin\left(5t - \dfrac{\pi}{4}\right).$$

(3) 求微分方程的特解.

由初值条件 $i|_{t=0} = 0$，代入通解，得 $C = 1$，于是所求电流为

$$i = e^{-5t} + \sqrt{2}\sin\left(5t - \dfrac{\pi}{4}\right).$$

§4-3 二阶微分方程

1. (1) 直接积分得 $y' = \dfrac{1}{4}x^4 + C_1$，原方程的通解为 $y = \dfrac{1}{20}x^5 + C_1 x + C_2$；

(2) $y = (C_1 + C_2 x)e^{3x}$；

(3) $y = e^{-3x}(C_1\cos 2x + C_2\sin 2x)$

2. $y = 4e^{3x}$

3. **解**：(1) 建立微分方程.

根据电容性质可知 $i = \dfrac{dq}{dt} = C\dfrac{du_C}{dt}$，$\dfrac{di}{dt} = C\dfrac{d^2 u_C}{dt^2}$.

根据回路电压定理得 $u_L + u_R + u_C = 0$.

各元件的电压降分别为

$$u_L = L\dfrac{di}{dt} = LC\dfrac{d^2 u_C}{dt^2},$$

$$u_R = Ri = RC\dfrac{du_C}{dt},$$

代入上式，得

$$LC\dfrac{d^2 u_C}{dt^2} + RC\dfrac{du_C}{dt} + u_C = 0,$$

即

$$\frac{d^2 u_C}{dt^2} + \frac{R}{L} \times \frac{du_C}{dt} + \frac{1}{LC} u_C = 0.$$

将 $L=1.6$ H，$R=4.8$ Ω，$C=0.5$ F 代入，整理得

$$\frac{d^2 u_C}{dt^2} + 3\frac{du_C}{dt} + \frac{5}{4} u_C = 0.$$

（2）求微分方程的通解．

其特征方程为 $r^2 + 3r + \frac{5}{4} = 0$，得特征根为 $r_1 = -\frac{5}{2}$，$r_2 = -\frac{1}{2}$.

因此，原微分方程的通解为 $u_C = C_1 e^{-\frac{5}{2}t} + C_2 e^{-\frac{1}{2}t}$，且满足初始条件 $u_C(0) = E = 20$，$\left. \frac{du_C}{dt} \right|_{t=0} = 0$.

（3）求微分方程的特解．

将初始条件代入微分方程，得

$$\begin{cases} C_1 + C_2 = 20, \\ \frac{5}{2} C_1 + \frac{1}{2} C_2 = 0, \end{cases}$$

解得

$$\begin{cases} C_1 = -5, \\ C_2 = 25. \end{cases}$$

所以电容器上的电压 $u_C = u(t) = -5e^{-\frac{5}{2}t} + 25e^{-\frac{1}{2}t}$，电流 $i = i(t) = C\frac{du}{dt} = \frac{25}{4}(e^{-\frac{5}{2}t} - e^{-\frac{1}{2}t})$.

4. 特征根为 $r_1 = i$，$r_2 = -i$，推出特征方程为 $r^2 + 1 = 0$. 所求微分方程为 $x'' + x = 0$.

Ⅳ　复习与小结

本章主要内容包括可分离变量的微分方程、一阶线性微分方程、二阶微分方程三部分.

一、可分离变量的微分方程

1. 微分方程的基本概念

本部分主要内容包括微分方程的定义及其阶、解、通解、特解、初值条件的概念.

微分方程就是联系着自变量、未知函数以及未知函数的导数（或微分）的方程. 微分方程的最大特点是在方程中含有未知函数的导数（或微分）. 如果一个方程中仅含有自变量、未知函数，而不含未知函数的导数（或微分），这类方程就不是微分方程. 微分方程中出现的未知函数的最高阶导数（或微分）的阶数称为微分方程的阶数. 满足微分方程的函数叫作该微分方程的解. 如果微分方程的解含有任意常数，且任意常数的个数与微分方程的阶数相同，则称这样的解为微分方程的通解. 根据给定的已知条件，确定了通解中的任意常数的值后，所得到的解称为微分方程的特解.

2. 可分离变量微分方程

本部分主要内容包括可分离变量微分方程的定义及其解法.

如果一个一阶微分方程能写成 $g(y)dy = f(x)dx$ 的形式，则称为可分离变量的微分方程.

此类方程的解法如下：

（1）先分离变量；

（2）两端再积分，就可得到该方程的通解.

二、一阶线性微分方程

1. 一阶线性微分方程的定义

形如 $\dfrac{dy}{dx} + P(x)y = Q(x)$ 的微分方程称为一阶线性微分方程.

若 $Q(x) = 0$，则 $\dfrac{dy}{dx} + P(x)y = 0$ 称为一阶齐次线性微分方程.

若 $Q(x) \neq 0$，则 $\dfrac{dy}{dx} + P(x)y = Q(x)$ 称为一阶非齐次线性微分方程.

2. 一阶非齐次线性微分方程的解法

$\dfrac{dy}{dx} + P(x)y = Q(x)$ 的通解：

$$y = e^{-\int P(x)dx}\left[\int Q(x)e^{\int P(x)dx}dx + C\right] \quad (C \text{ 为任意常数}).$$

在应用微分方程解决电学问题时，要注重提高学生根据所给实际问题建立微分方程并求解的能力，通过数学建模使学生认识到：微分方程是数学理论与实际问题相联系的途径之一，也是确定函数关系的一种重要的数学方法.

三、二阶微分方程

1. $y'' = f(x)$ 型微分方程

对微分方程 $y'' = f(x)$ 两边积分，得到

$$y' = \int f(x)dx + C_1 \quad (C_1 \text{ 为任意常数}),$$

再对上述方程两边积分，得

$$y = \int\left[\int f(x)dx + C_1\right]dx = \int\left[\int f(x)dx\right]dx + C_1 x + C_2 \quad (C_1, C_2 \text{ 为任意常数}),$$

这就是微分方程 $y'' = f(x)$ 的通解.

2. 二阶常系数齐次线性微分方程

形如 $y'' + py' + qy = 0$（其中 p，q 为常数）的微分方程称为二阶常系数齐次线性微分方程. 求其通解的步骤如下：

（1）写出相对应的微分方程的特征方程 $r^2 + pr + q = 0$；

（2）求出特征方程的两根 r_1，r_2；

（3）根据特征方程两根的不同情况，按下表写出微分方程的通解.

特征方程 $r^2+pr+q=0$ 的两根 r_1，r_2	微分方程 $y''+py'+qy=0$ 的通解
两个不相等的实根 r_1，r_2	$y=C_1e^{r_1x}+C_2e^{r_2x}$（其中 C_1，C_2 为任意常数）
两个相等的实根 $r_1=r_2$	$y=(C_1+C_2x)e^{r_1x}$（其中 C_1，C_2 为任意常数）
一对共轭复根 $r=\alpha\pm\beta j$	$y=e^{\alpha x}(C_1\cos\beta x+C_2\sin\beta x)$（其中 C_1，C_2 为任意常数）

Ⅴ 单元测验

一、选择题（每小题 3 分，共 15 分）

1. 微分方程 $(y'')^2-2y'=y$ 的阶数为（　　）.

    A. 4　　　　　　B. 3　　　　　　C. 2　　　　　　D. 1

2. 下列微分方程中，可分离变量的是（　　）.

    A. $\dfrac{dy}{dx}+\dfrac{y}{x}=1$　　　　　　B. $\dfrac{dy}{dx}=(x-a)(b-y)$　（k，a，b 是常数）

    C. $\dfrac{dy}{dx}-\sin y=x$　　　　　　D. $y'+xy=e^x$

3. 微分方程 $y'=2xy$ 的通解为（　　）.

    A. $y=Cx^2$　　　　　　B. $y=x^2+C$

    C. $y=Ce^{x^2}$　　　　　　D. $y=e^{x^2}+C$

4. 微分方程 $y''-y'-2y=0$ 的通解为（　　）.

    A. $y=e^{2x}+e^{-x}$　　　　　　B. $y=C_1e^{-2x}+C_2e^x$

    C. $y=Ce^{2x}+e^{-x}$　　　　　　D. $y=C_1e^{2x}+C_2e^{-x}$

5. 方程 $y'-y=2x$ 满足初值条件 $y|_{x=0}=0$ 的特解是（　　）.

    A. $y=Ce^x-2x-2$　　　　　　B. $y=2e^x-2x-2$

    C. $y=e^x-Cx$　　　　　　D. $y=2e^x-2x$

二、填空题（每小题 3 分，共 15 分）

1. 微分方程 $\dfrac{dy}{dx}=2x$ 的通解为_____.

2. 方程 $y'=y$ 满足 $y|_{x=0}=2$ 的特解为_____.

3. 微分 $\dfrac{dy}{dx}=2xy$ 的通解为_____.

4. 以函数 $y=C_1\cos 2x+C_2\sin 2x$ 为通解的二阶常系数线性齐次微分方程为

_____.

  5. 微分方程 $y''-2y'-3y=0$ 的通解为_____.

三、解答题（共 70 分）

1. 求下列微分方程的通解.（每小题 7 分，共 42 分）

（1）$y'' = \cos x$

（2）$y' = e^{2x - y}$

（3）$xy' + y = xe^x$

（4）$y' + y\cos x = e^{-\sin x}$

（5）$y'' - 4y' + 4y = 0$

（6）$\dfrac{d^2 x}{dt^2} - 2\dfrac{dx}{dt} + 5x = 0$

2. 求微分方程 $y'' + 25y = 0$ 满足条件 $y\big|_{x=0} = 2$，$y'\big|_{x=0} = 5$ 的特解.（8 分）

3. 如测图 4-1 所示的闭合电路是 RL 串联电路，其中电动势 $E=15$ V，电感 $L=0.5$ H，电阻 $R=10$ Ω. 如果开始时（$t=0$）回路电流为 $i_0=i|_{t=0}=3$ A，试求该电路在任意时间 t 处的电流 $i=i(t)$. （10分）

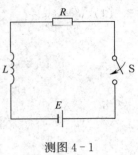

测图 4-1

4. 电路如测图 4-2 所示，建立关于电感电流 i_L 的微分方程. （10分）

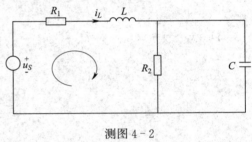

测图 4-2

单元测验答案

一、选择题

1. C   2. B   3. C   4. D   5. B

二、填空题

1. $y=x^2+C$

2. $y=2\mathrm{e}^x$

3. $y=C\mathrm{e}^{x^2}$

4. $y''+4y=0$

5. $y=C_1\mathrm{e}^{-x}+C_2\mathrm{e}^{3x}$

三、解答题

1. （1）$y = -\cos x + C_1 x + C_2$；

（2）$e^{2x} - 2e^y = C$；

（3）$y = \dfrac{1}{x}(xe^x - e^x + C)$ $(x \neq 0)$；

（4）$y = (x + C)e^{-\sin x}$；

（5）$y = (C_1 + C_2 x)e^{2x}$；

（6）$x = e^t(C_1 \cos 2t + C_2 \sin 2t)$

2. $y = 2\cos 5x + \sin 5x$

3. 由电压回路定律得

$$E - L\frac{\mathrm{d}i}{\mathrm{d}t} - iR = 0,$$

即

$$\frac{\mathrm{d}i}{\mathrm{d}t} + \frac{R}{L}i = \frac{E}{L}.$$

将 $E = 15$ V，$L = 0.5$ H，$R = 10$ Ω 代入上式得

$$\frac{\mathrm{d}i}{\mathrm{d}t} + 20i = 30.$$

微分方程的通解

$$i(t) = \frac{3}{2} + Ce^{-20t}.$$

将 $i_0 = i|_{i=0} = 3$ A 代入上式得

$$C = \frac{3}{2},$$

所以

$$i(t) = \frac{3}{2}(1 + e^{-20t}) \text{ A}.$$

4. 对左回路有

$$R_1 i_L + L\frac{\mathrm{d}i_L}{\mathrm{d}t} + u_C = u_S. \qquad ①$$

对 A 点有

$$C\frac{\mathrm{d}u_C}{\mathrm{d}t} + \frac{u_C}{R_2} = i_L. \qquad ②$$

由①式得

$$u_C = u_L - R_1 i_L - L\frac{\mathrm{d}i_L}{\mathrm{d}t},$$

代入②整理得微分方程

$$LC\frac{\mathrm{d}^2 i_L}{\mathrm{d}t^2} + \left(R_1 C + \frac{L}{R_2}\right)\frac{\mathrm{d}i_L}{\mathrm{d}t} + \left(1 + \frac{R_1}{R_2}\right)i_L = C\frac{\mathrm{d}u_S}{\mathrm{d}t} + \frac{1}{R_2}u_S.$$

Ⅵ 习题册习题参考答案

§4-1 可分离变量的微分方程

1. （1）是微分方程，二阶；

（2）不是微分方程；

（3）是微分方程，一阶；

（4）是微分方程，一阶；

（5）是微分方程，二阶

2. 对函数 $y=(C_1+C_2x)e^{2x}$ 分别求一阶及二阶导数，得

$$y'=(C_2+2C_1+2C_2x)\ e^{-2x},$$
$$y''=4(C_2+C_1+C_2x)\ e^{2x}.$$

将它们代入方程 $y''-4y'+4y=0$ 的左边，方程成立.

微分方程特解为

$$y=(1-2x)e^{2x}.$$

3. （1）$(1+x)^2(1+y^2)=Cx^2$；

（2）$x-y+\ln|xy|=C$；

（3）$e^y=e^x+C$；

（4）$y=e^{Cx}$；

（5）$3x^4+4(y+1)^3=C$；

（6）$\arctan y=x-\ln|x+1|+C$

4. （1）$\dfrac{1}{y}=\ln|x+1|+1$；

（2）$y=\dfrac{1}{1-\sin x}$；

（3）$|\cos y|=\dfrac{\sqrt{2}}{2}|\cos x|$；

（4）$\ln y=\csc x-\cot x$；

（5）$x^2y=4$；

（6）$y^2=2\ln(1+e^x)+1-2\ln 2$

5. **解**：根据牛顿定律知 $F=\dfrac{\mathrm{d}(mv)}{\mathrm{d}t}$. 其中 m 为运动物体的质量，v 为速度，t 为时间，F 为作用在物体上的力，mv 为动量. 假定 m 为常量，则方程变为

$$F=m\frac{\mathrm{d}v}{\mathrm{d}t}=ma,$$

其中 a 为加速度，则

$$m\frac{\mathrm{d}v}{\mathrm{d}t}=mg-kv,$$

化简得

$$\mathrm{d}t=\frac{\mathrm{d}v}{g-\dfrac{k}{m}v}.$$

积分得 $t=\int\dfrac{\mathrm{d}v}{g-\dfrac{k}{m}v}=\Big(-\dfrac{m}{k}\Big)\ln\Big(g-\dfrac{k}{m}v\Big)+C=\dfrac{m}{k}\ln\dfrac{1}{g-\dfrac{k}{m}v}+C.$

由初值条件 $v|_{t=0}=0$，代入得 $0=\dfrac{m}{k}\ln\dfrac{1}{g}+C$，得 $C=\dfrac{m}{k}\ln g$，所以

$$t=\frac{m}{k}\ln\frac{g}{g-\dfrac{k}{m}v},$$

因此 $v=\dfrac{mg}{k}(1-\mathrm{e}^{-\frac{k}{m}t})$.

6. **解**：设物体在时刻 t 的温度为 $u=u(t)$，则温度的变化速度以 $\dfrac{\mathrm{d}u}{\mathrm{d}t}$ 来表示. 注意到热量只是从温度高的地方向温度低的地方传导. 因为 $u>u_a$，所以温差 $u-u_a$ 恒大于零，又因物体将随时间而逐渐冷却，故温度变化速度 $\dfrac{\mathrm{d}u}{\mathrm{d}t}$ 恒小于零，由牛顿冷却定律得到

$$\frac{\mathrm{d}u}{\mathrm{d}t}=-k(u-u_a)\quad(k>0,\ k\ 是比例常数),$$

$$\frac{\mathrm{d}(u-u_a)}{u-u_a}=-k\mathrm{d}t.$$

两边积分 $\ln(u-u_a)=-kt+C_1$，得
$$u-u_a=\mathrm{e}^{-kt+C_1},\ u=u_a+C\mathrm{e}^{-kt}.$$

由 $t=0$ 时，$u=u_0$，得 $C=u_0-u_a$.

由 $t=10$ 时，$u=u_1$，得 $u_1=u_a+(u_0-u_a)\mathrm{e}^{-10k}$，$k=\dfrac{1}{10}\ln\dfrac{u_0-u_a}{u_1-u_a}$.

由给定的 $u_0=150$，$u_1=100$ 和 $u_a=24$ 代入，得到

$$k=\frac{1}{10}\ln\frac{150-24}{100-24}\approx\frac{1}{10}\ln 1.66\approx0.051.$$

因此 $u=24+126\mathrm{e}^{-0.051t}$. 20 min 后物体的温度由上式计算得 $u_2=69\ ℃$

7. **解**：(1) 根据基尔霍夫第二定律，得
$$u_R+u_C=E.$$

设电容上的电量为 $q(t)$，则
$$i=\frac{\mathrm{d}q}{\mathrm{d}t}=\frac{\mathrm{d}(Cu_C)}{\mathrm{d}t}=C\frac{\mathrm{d}u_C}{\mathrm{d}t},$$

$$u_R = Ri = RC\frac{\mathrm{d}u_C}{\mathrm{d}t},$$

代入得

$$RC\frac{\mathrm{d}u_C}{\mathrm{d}t} + u_C = E,$$

且满足初值条件 $u_C|_{t=0} = 0$.

因此,微分方程的解

$$u_C(t) = E\left(1 - \mathrm{e}^{-\frac{t}{RC}}\right).$$

将 $u_C = 5$ V, $E = 10$ V, $R = 100\ \Omega$, $C = 0.01$ F 代入, 得

$$5 = 10(1 - \mathrm{e}^{-t}),$$

解得

$$t = \ln 2.$$

（2）根据回路电压定律得 $u_R + u_C = 0$.

电容放电时,电容上的电量 q 逐渐减少,根据电容的性质, q 与 u_C 的关系式为

$$q = Cu_C.$$

于是

$$i = \frac{\mathrm{d}q}{\mathrm{d}t} = \frac{\mathrm{d}(Cu_C)}{\mathrm{d}t} = C\frac{\mathrm{d}u_C}{\mathrm{d}t},$$

$$u_R = Ri = RC\frac{\mathrm{d}u_C}{\mathrm{d}t}.$$

代入等式 $u_R + u_C = 0$，即得电容两端的电压 u_C 所满足的微分方程

$$RC\frac{\mathrm{d}u_C}{\mathrm{d}t} + u_C = 0.$$

因此，微分方程的通解

$$u_C = C_1 \mathrm{e}^{-\frac{t}{RC}}.$$

由初值条件 $u_C|_{t=0} = E$, 得 $C_1 = E$, 得特解

$$u_C = E\mathrm{e}^{-\frac{t}{RC}}.$$

将 $u_C = 5$ V, $E = 10$ V, $R = 100\ \Omega$, $C = 0.01$ F 代入, 得

$$5 = 10\mathrm{e}^{-t},$$

解得

$$t = \ln 2.$$

试一试

1. **解**：由题目化简得 $(1-y^2)\,\mathrm{d}x - y(1-x)\,\mathrm{d}y = 0$. 分离变量, 得

$$\frac{\mathrm{d}x}{x-1} = \frac{y}{y^2-1}\mathrm{d}y.$$

两边积分, 有

$$\int \frac{\mathrm{d}x}{x-1} = \int \frac{y}{y^2-1}\mathrm{d}y,$$

得
$$\ln|x-1|=\frac{1}{2}\ln|y^2-1|+C_1.$$

所以微分方程的通解为 $(x-1)^2=C(y^2-1)$.

将 $y|_{x=0}=2$ 代入通解中，得 $C=\frac{1}{3}$.

所以微分方程的特解为 $y^2-3(x-1)^2=1$.

2. **解**：设 $M=M(t)$，　则
$$\begin{cases}\dfrac{\mathrm{d}M}{\mathrm{d}t}=-\lambda M\ (\lambda>0),\\[2mm] M|_{t=0}=M_0.\end{cases}$$

由 $\dfrac{\mathrm{d}M}{M}=-\lambda\mathrm{d}t$ 解得通解为 $M=Ce^{-\lambda t}$.

把 $M|_{t=0}=M_0$ 代入通解，得特解为 $M=M_0e^{-\lambda t}$

§4-2　一阶线性微分方程

1. (1) $y=-\dfrac{1}{2}(\sin x+\cos x)+Ce^x$;

(2) $x=\dfrac{1}{5}e^{2t}+Ce^{-3t}$;

(3) $y=(x+1)^2\left[\dfrac{2}{3}(x+1)^{\frac{3}{2}}+C\right]$;

(4) $y=e^{-x}(x+C)$;

(5) $y=2+Ce^{-x^2}$;

(6) $y=e^{-\sin x}(x+C)$

2. (1) $y=-\dfrac{\cos x}{x}-\dfrac{1}{x}$;

(2) $y=\dfrac{1}{4}x^2+\dfrac{4}{x^2}$;

(3) $y=x^2-2+3e^{-\frac{1}{2}x^2}$;

(4) $x=-\dfrac{y}{2}-\dfrac{1}{4}+\dfrac{5}{4}e^{2y}$

3. **解**：由回路电压定律得
$$RI(t)+U_C(t)=U_i(t).$$

设电容上的电量为 Q，则
$$I(t)=\frac{\mathrm{d}Q}{\mathrm{d}t}=\frac{\mathrm{d}(CU_C)}{\mathrm{d}t}=C\frac{\mathrm{d}U_C}{\mathrm{d}t},$$

代入上式得
$$RC\frac{\mathrm{d}U_C}{\mathrm{d}t}+U_C(t)=U_i(t),$$

即

$$\frac{\mathrm{d}U_C}{\mathrm{d}t}+\frac{1}{RC}U_C(t)=\frac{U\sin\omega t}{RC},$$

即为 $U_C(t)$ 所应满足的微分方程.

解得其通解为

$$U_C(t)=\mathrm{e}^{-\int\frac{1}{RC}\mathrm{d}t}\left(\int\frac{U\sin\omega t}{RC}\mathrm{e}^{\int\frac{1}{RC}\mathrm{d}t}\mathrm{d}t+C\right)$$

$$=\mathrm{e}^{-\frac{t}{RC}}\left(\frac{U}{RC}\int\mathrm{e}^{\frac{t}{RC}}\sin\omega t\,\mathrm{d}t+C\right)$$

$$=\mathrm{e}^{-\frac{t}{RC}}\left[\frac{U}{1+R^2C^2\omega^2}\mathrm{e}^{\frac{t}{RC}}(\sin\omega t-RC\omega\cos\omega t)+C\right].$$

由初值条件 $U_C|_{t=0}=0$，得 $C=\dfrac{URC\omega}{1+R^2C^2\omega^2}$.

故

$$U_C(t)=\frac{U}{1+R^2C^2\omega^2}\left(RC\omega\mathrm{e}^{-\frac{t}{RC}}+\sin\omega t-RC\omega\cos\omega t\right).$$

4. **解**：（1）根据基尔霍夫第二定律，得

$$u_R+u_C=E.$$

设电容上的电量为 $q(t)$，则

$$i=\frac{\mathrm{d}q}{\mathrm{d}t}=\frac{\mathrm{d}(Cu_C)}{\mathrm{d}t}=C\frac{\mathrm{d}u_C}{\mathrm{d}t},$$

$$u_R=Ri=RC\frac{\mathrm{d}u_C}{\mathrm{d}t},$$

代入得

$$RC\frac{\mathrm{d}u_C}{\mathrm{d}t}+u_C=E.$$

由初值条件 $u_C|_{t=0}=0$，求得微分方程的解

$$u_C(t)=E\left(1-\mathrm{e}^{-\frac{t}{RC}}\right).$$

电容充电时电压 $U_C(t)$ 的变化规律 $u_C(t)=E\left(1-\mathrm{e}^{-\frac{t}{RC}}\right)$.

（2）根据回路电压定律得 $u_R+u_C=0$.

电容放电时，电容上的电量 q 逐渐减少. 根据电容的性质，q 与 u_C 的关系式为

$$q=Cu_C.$$

于是

$$i=\frac{\mathrm{d}q}{\mathrm{d}t}=\frac{\mathrm{d}(Cu_C)}{\mathrm{d}t}=C\frac{\mathrm{d}u_C}{\mathrm{d}t},$$

$$u_R=Ri=RC\frac{\mathrm{d}u_C}{\mathrm{d}t},$$

将它们代入等式 $u_R+u_C=0$，即得电容两端的电压 u_C 所满足的微分方程

$$RC\frac{\mathrm{d}u_C}{\mathrm{d}t}+u_C=0,$$

求得微分方程的通解

$$u_C=C_1\mathrm{e}^{-\frac{t}{RC}}.$$

由初值条件 $u_C|_{t=0}=E$，得 $C_1=E$，得特解

$$u_C=E\mathrm{e}^{-\frac{t}{RC}}.$$

电容放电时电压 $U_C(t)$ 的变化规律 $u_C=E\mathrm{e}^{-\frac{t}{RC}}$.

5. **解**：由电工学知识可知，当电流变化时，电感上有感应电动势 $-L\dfrac{\mathrm{d}i}{\mathrm{d}t}$，由回路电压定律得

$$E-L\frac{\mathrm{d}i}{\mathrm{d}t}-iR=0,$$

即

$$\frac{\mathrm{d}i}{\mathrm{d}t}+\frac{R}{L}i=\frac{E}{L}.$$

由初值条件 $i|_{t=0}=0$，得电流满足的微分方程为

$$\frac{\mathrm{d}i}{\mathrm{d}t}+\frac{R}{L}i=0.$$

6. **解**：(1) 由电工学知识可知，当电流变化时，电感上有感应电动势 $-L\dfrac{\mathrm{d}i}{\mathrm{d}t}$，由回路电压定律得

$$E-L\frac{\mathrm{d}i}{\mathrm{d}t}-iR_1=0,$$

即

$$\frac{\mathrm{d}i}{\mathrm{d}t}+\frac{R_1}{L}i=\frac{E}{L}.$$

将 $R_1=10\ \Omega$，$L=2\ \mathrm{H}$，$E=50\ \mathrm{V}$ 代入，得

$$\frac{\mathrm{d}i}{\mathrm{d}t}+5i=25.$$

解微分方程，将 $P(t)=5$，$Q(t)=25$ 代入公式得

$$i(t)=\mathrm{e}^{-\int 5\mathrm{d}t}\left(\int 25\mathrm{e}^{\int 5\mathrm{d}t}\mathrm{d}t+C\right)=5+C\mathrm{e}^{-5t}.$$

由初值条件 $i|_{t=0}=0$，解得 $C=-5$.
微分方程的特解

$$i(t)=5-5\mathrm{e}^{-5t},$$
$$i(t)|_{t=10}=5-5\mathrm{e}^{-50}\approx5.$$

(2) 由电工学知识可知，当电流变化时，电感上有感应电动势 $-L\dfrac{\mathrm{d}i}{\mathrm{d}t}$，由回路电压定律得

$$E - L\frac{\mathrm{d}i}{\mathrm{d}t} - iR = 0,$$

即

$$\frac{\mathrm{d}i}{\mathrm{d}t} + \frac{R}{L}i = \frac{E}{L}.$$

将 $R = \dfrac{R_1 R_2}{R_1 + R_2} = \dfrac{10 \times 20}{10 + 20} = \dfrac{20}{3}$ Ω，$L = 2$ H，$E = 50$ V 代入，得

$$\frac{\mathrm{d}i}{\mathrm{d}t} + \frac{10}{3}i = 25.$$

解微分方程，将 $P(t) = \dfrac{10}{3}$，$Q(t) = 25$ 代入公式得

$$i(t) = \mathrm{e}^{-\int \frac{10}{3}\mathrm{d}t}\left(\int 25\mathrm{e}^{\int \frac{10}{3}\mathrm{d}t}\mathrm{d}t + C\right) = 7.5 + C\mathrm{e}^{-\frac{10}{3}t}.$$

由初值条件 $i|_{t=0} = 0$，解得 $C = -7.5$.

微分方程的特解

$$i(t) = 7.5 - 7.5\mathrm{e}^{-\frac{10}{3}t},$$

$$i(t)|_{t=20} = 7.5 - 7.5\mathrm{e}^{-\frac{200}{3}} \approx 7.5.$$

当开关 S_1 合上 10 s 后，电感上的电流约为 5 A；S_1 合上 10 s 后再将 S_2 合上，S_2 合上 20 s 后电感上的电流约为 7.5 A.

7. **解**：(1) 建立微分方程.

由电工学知识可知，当电流变化时，电感上有感应电动势 $-L\dfrac{\mathrm{d}i}{\mathrm{d}t}$，由回路电压定律得

$$E - L\frac{\mathrm{d}i}{\mathrm{d}t} - iR = 0,$$

即

$$\frac{\mathrm{d}i}{\mathrm{d}t} + \frac{R}{L}i = \frac{E}{L}.$$

将 $E = 10\sin 5t$，$R = 20$ Ω，$L = 4$ H 代入上式得

$$\frac{\mathrm{d}i}{\mathrm{d}t} + 5i = \frac{5}{2}\sin 5t,$$

且满足初值条件 $i|_{t=0} = 0$.

(2) 求微分方程的通解.

将 $P(t) = 5$，$Q(t) = \dfrac{5}{2}\sin 5t$ 代入通解公式，得

$$i(t) = C\mathrm{e}^{-5t} + \frac{1}{4}(\sin 5t - \cos 5t).$$

(3) 求微分方程的特解.

将初值条件 $i|_{t=0} = 0$ 代入通解，得 $C = \dfrac{1}{4}$.

于是所求电流为 $i(t)=\dfrac{1}{4}(\sin 5t-\cos 5t+\mathrm{e}^{-5t})$.

试一试

解：设鼓风机开动后 t 时刻 CO_2 的含量的百分数为 $x=x(t)$，在 $[t,\ t+\mathrm{d}t]$ 内，CO_2 的通入量 $=2\,000\mathrm{d}t\cdot 0.03$，$CO_2$ 的排出量 $=2\,000\mathrm{d}t\cdot x$. CO_2 的改变量 $=CO_2$ 的通入量 $-CO_2$ 的排出量，即 $12\,000\mathrm{d}x=2\,000\mathrm{d}t\cdot 0.03-2\,000\mathrm{d}t\cdot x$，整理得微分方程

$$\frac{\mathrm{d}x}{x-0.03}=-\frac{1}{6}\mathrm{d}t,$$

解得通解为 $x=0.03+C\mathrm{e}^{-\frac{1}{6}t}$.

由 $x|_{t=0}=0.1$，得 $C=0.07$，所以特解为 $x=0.03+0.07\mathrm{e}^{-\frac{1}{6}t}$.

当 $t=6$ 时，CO_2 的百分比将降低到 0.056%.

§4-3 二阶微分方程

1. (1) $y=x\arctan x-\dfrac{1}{2}\ln(x^2+1)+C_1x+C_2$；

(2) $y=C_1\mathrm{e}^{-2x}+C_2\mathrm{e}^x$；

(3) $y=(C_1+C_2x)\mathrm{e}^{-2x}$；

(4) $y=\mathrm{e}^{-3x}(C_1\cos\sqrt{2}x+C_2\sin\sqrt{2}x)$；

(5) $y=\mathrm{e}^{-2x}(C_1\cos x+C_2\sin x)$；

(6) $y=C_1+C_2\mathrm{e}^{3x}$；

2. (1) $y=2\mathrm{e}^{3x}+4\mathrm{e}^x$；

(2) $y=1+\mathrm{e}^{-x}$；

(3) $y=2\cos 5x+\sin 5x$；

(4) $y=\mathrm{e}^x(2\cos x-3\sin x)$

3. **解**：(1) 建立微分方程.

设链条垂下部分长度为 $S=S(t)$，并且链条的线密度为 ρ，则在时刻 t 使链条下滑的力为 ρSg，运动方程为

$$m\frac{\mathrm{d}^2S}{\mathrm{d}t^2}=\rho Sg\quad(\text{其中 } m=6\rho),$$

即

$$6\frac{\mathrm{d}^2S}{\mathrm{d}t^2}=Sg.$$

这就是根据问题所建立的微分方程，且满足初值条件 $S|_{t=0}=1$，$S'|_{t=0}=0$（运动起始时，链条自桌上下垂 $1\,\mathrm{m}$ 长且初速度为 0）.

(2) 求微分方程的通解.

相对应的特征方程为

$$r^2-\frac{g}{6}=0,$$

解得特征根为

$$r = \pm \sqrt{\frac{g}{6}}.$$

方程的通解为

$$S(t) = C_1 e^{\sqrt{\frac{g}{6}}t} + C_2 e^{-\sqrt{\frac{g}{6}}t}.$$

（3）求微分方程的特解.

由 $S|_{t=0}=1$ 得 $C_1+C_2=1$.

由 $S'|_{t=0}=0$，得

$$S'(t)|_{t=0} = \sqrt{\frac{g}{6}}\left(C_1 e^{\sqrt{\frac{g}{6}}t} - C_2 e^{-\sqrt{\frac{g}{6}}t}\right) = \sqrt{\frac{g}{6}}\left(C_1 - C_2\right) = 0,$$

解得 $C_1 = C_2 = \dfrac{1}{2}$. 所以

$$S(t) = \frac{1}{2}\left(e^{\sqrt{\frac{g}{6}}t} + e^{-\sqrt{\frac{g}{6}}t}\right),$$

解得 $t = \dfrac{3}{\sqrt{g}}\ln(9 + \sqrt{80})\ \mathrm{s} = \dfrac{3}{\sqrt{g}}\ln(9 + 4\sqrt{5})\ \mathrm{s}$

4. 解：根据电工学知识，经过电感、电阻和电容的电压降分别为

$$u_L = L\frac{\mathrm{d}i}{\mathrm{d}t}, \quad u_R = Ri, \quad u_C = \frac{Q}{C},$$

其中 Q 为电量，由基尔霍夫第二定律得

$$e(t) = L\frac{\mathrm{d}i}{\mathrm{d}t} + Ri + \frac{Q}{C}.$$

因为 $i = \dfrac{\mathrm{d}Q}{\mathrm{d}t}$，所以

$$\frac{\mathrm{d}^2 i}{\mathrm{d}t^2} + \frac{R}{L} \times \frac{\mathrm{d}i}{\mathrm{d}t} + \frac{i}{LC} = \frac{1}{L} \times \frac{\mathrm{d}e(t)}{\mathrm{d}t},$$

这就是电流 i 的变化规律满足的微分方程.

如果 $e(t) = $ 常数，得到

$$\frac{\mathrm{d}^2 i}{\mathrm{d}t^2} + \frac{R}{L} \times \frac{\mathrm{d}i}{\mathrm{d}t} + \frac{i}{LC} = 0,$$

如果又有 $R=0$，则得到

$$\frac{\mathrm{d}^2 i}{\mathrm{d}t^2} + \frac{i}{LC} = 0.$$

5. 解：设取逆时针运动的方向作为计算摆与铅垂线所成角 φ 的正方向，质点 M 沿圆周的切向速度 $v = l\dfrac{\mathrm{d}\varphi}{\mathrm{d}t}$. 作用于质点 M 的重力 mg 将摆拉回平衡位置 A，把重力 mg 分解为两个分量 $\overrightarrow{MQ}$ 和 $\overrightarrow{MP}$. 第一个分量 $\overrightarrow{MQ}$ 沿着半径 OM 的方向，与线的拉力相抵消，它不会引起质点 M 的速度 v 的数值改变. 第二个分量 $\overrightarrow{MP}$ 沿着圆周的切线方向，它引起质点 M 的速度 v 的数值改变. 因为 $\overrightarrow{MP}$ 总是使质点 M 向着平衡位置 A 的方向运动，即当角 φ 为正时，质

点 M 向 φ 减小的方向运动，当角 φ 为负时，质点 M 向 φ 增大的方向运动. 所以，$\overrightarrow{MP}$ 的数值等于 $-mg\sin\varphi$. 因此，摆的运动方程为

$$m\frac{\mathrm{d}v}{\mathrm{d}t}=-mg\sin\varphi.$$

因为

$$\frac{\mathrm{d}v}{\mathrm{d}t}=l\frac{\mathrm{d}^2\varphi}{\mathrm{d}t^2},$$

即

$$\frac{\mathrm{d}^2\varphi}{\mathrm{d}t^2}=-\frac{g}{l}\sin\varphi.$$

试一试

1. **解**：设质点的运动规律为 $x=x(t)$.

根据牛顿第二定律，质点运动的微分方程为 $m\dfrac{\mathrm{d}^2x}{\mathrm{d}t^2}=F(t)$.

由题设条件知 $F(t)=kt+b$. 将 $F(0)=F_0$，$F(T)=0$ 代入上式得

$$F(t)=F_0\left(1-\frac{t}{T}\right).$$

从而得质点运动的微分方程为

$$\frac{\mathrm{d}^2x}{\mathrm{d}t^2}=\frac{F_0}{m}\left(1-\frac{t}{T}\right),\ x|_{t=0}=0,\ \frac{\mathrm{d}x}{\mathrm{d}t}\bigg|_{t=0}=0,$$

$$\frac{\mathrm{d}x}{\mathrm{d}t}=\frac{F_0}{m}\int\left(1-\frac{t}{T}\right)\mathrm{d}t,$$

$$\frac{\mathrm{d}x}{\mathrm{d}t}=\frac{F_0}{m}\left(t-\frac{t^2}{T}\right)+C_1,\quad\quad\quad ①$$

$$x=\frac{F_0}{m}\left(\frac{t^2}{2}-\frac{t^2}{6T}\right)+C_1+C_2,\quad\quad\quad ②$$

将 $\dfrac{\mathrm{d}x}{\mathrm{d}t}\bigg|_{t=0}=0$ 代入①得 $C_1=0$，将 $x|_{t=0}=0$ 代入②得 $C_2=0$.

所以质点运动规律为 $x=\dfrac{F_0}{m}\left(\dfrac{t^2}{2}-\dfrac{t^3}{6T}\right)$，$0\leqslant t\leqslant T$.

2. **解**：(1) 由 $y=\dfrac{1}{2}\mathrm{e}^x$ 得 $y''=y'=\dfrac{1}{2}\mathrm{e}^x$，代入方程，得

$$左边=\frac{1}{2}\mathrm{e}^x-\frac{5}{2}\mathrm{e}^x+3\mathrm{e}^x=\mathrm{e}^x=右边.$$

所以 $y=\dfrac{1}{2}\mathrm{e}^x$ 是二阶常系数线性非齐次微分方程 $y''-5y'+6y=\mathrm{e}^x$ 的一个特解.

(2) 由 $y=C_1\mathrm{e}^{2x}+C_2\mathrm{e}^{3x}+\dfrac{1}{2}\mathrm{e}^x$ 得

$$y'=2C_1\mathrm{e}^{2x}+3C_2\mathrm{e}^{3x}+\frac{1}{2}\mathrm{e}^x,\ y''=4C_1\mathrm{e}^{2x}+9C_2\mathrm{e}^{3x}+\frac{1}{2}\mathrm{e}^x,$$

代入方程，得

$$左边=4C_1\mathrm{e}^{2x}+9C_2\mathrm{e}^{3x}+\frac{1}{2}\mathrm{e}^x-5\left(2C_1\mathrm{e}^{2x}+3C_2\mathrm{e}^{3x}+\frac{1}{2}\mathrm{e}^x\right)+6\left(C_1\mathrm{e}^{2x}+C_2\mathrm{e}^{3x}+\frac{1}{2}\mathrm{e}^x\right)$$

$$=\mathrm{e}^x=右边.$$

又 $y=C_1\mathrm{e}^{2x}+C_2\mathrm{e}^{3x}+\dfrac{1}{2}\mathrm{e}^x$ 中含有两个独立的任意常数 C_1 和 C_2. 所以 $y=C_1\mathrm{e}^{2x}+C_2\mathrm{e}^{3x}+\dfrac{1}{2}\mathrm{e}^x$ 是二阶常系数线性非齐次微分方程 $y''-5y'+6y=\mathrm{e}^x$ 的通解.

（3）由于 $y=C_1\mathrm{e}^{2x}+C_2\mathrm{e}^{3x}$ 是二阶常系数线性齐次微分方程 $y''-5y'+6y=0$ 的通解, 且 $y=\dfrac{1}{2}\mathrm{e}^x$ 是二阶常系数线性非齐次微分方程 $y''-5y'+6y=\mathrm{e}^x$ 的一个特解. 所以二阶常系数线性非齐次微分方程 $y''+py'+qy=f(x)$ 通解的构成形式是 $y=Y+y^*$.

其中 Y 是齐次方程 $y''+py'+qy=0$ 的通解, y^* 是原方程 $y''+py'+qy=f(x)$ 的一个特解.

复习题参考答案

1. B　2. C　3. D　4. C

5. $y''+y=0$

6. （1）$y=-\sin x+C_1x+C_2$；

（2）$\mathrm{e}^x+\mathrm{e}^{-y}=C$；

（3）$y=\tan\left(\dfrac{1}{2}\ln|x^2-1|+C\right)$；

（4）$y=\dfrac{3}{2}x+\dfrac{C}{x}$；

（5）$y=\mathrm{e}^{-x}+C\mathrm{e}^{-2x}$；

（6）$y=C_1\mathrm{e}^{2x}+C_2\mathrm{e}^{6x}$；

（7）$x=\mathrm{e}^{3t}(C_1\cos 2t+C_2\sin 2t)$；

（8）$y=(C_1+C_2x)\,\mathrm{e}^{-4x}$

7. （1）$y=\dfrac{1}{2}(\sin x-\cos x+\mathrm{e}^x)$；

（2）$y=(1+x^2)(\arctan x+1)$；

（3）$y=\mathrm{e}^{-x}-\mathrm{e}^{4x}$；

（4）$y=2\cos 5x+\sin 5x$

8. （1）由于电容的初始电压为 0, 所以

$$u_C=U\,(1-\mathrm{e}^{-\frac{t}{\tau}}).$$

将 $\tau=RC=500\times10\times10^{-6}=5\times10^{-3}$ s, $U=100$ V 代入上式, 得

$$u_C=100\,(1-\mathrm{e}^{-200t})\text{ V }(t\geqslant0),$$

从而有

$$i=C\dfrac{\mathrm{d}u_C}{\mathrm{d}t}=\dfrac{U}{R}\mathrm{e}^{-\frac{t}{RC}}=0.2\mathrm{e}^{-200t}\text{ A }(t\geqslant0).$$

（2）设开关闭合后经过 t_1 秒 u_C 充电至 80 V, 则

$$100(1-\mathrm{e}^{-200t_1})=80,$$

解得

$$t_1=\dfrac{\ln 0.2}{-200}=8.045\text{ ms}.$$